機械系 教科書シリーズ 10

機械系の電子回路

工学博士 髙橋 晴雄 共著
工学博士 阪部 俊也

コロナ社

機械系　教科書シリーズ編集委員会

編集委員長	木本　恭司	（大阪府立工業高等専門学校・工学博士）
幹　　　事	平井　三友	（大阪府立工業高等専門学校・博士(工学)）
編集委員	青木　　繁	（東京都立工業高等専門学校・工学博士）
（五十音順）	阪部　俊也	（奈良工業高等専門学校・工学博士）
	丸茂　榮佑	（明石工業高等専門学校・工学博士）

（所属は編集当時のものによる）

刊行のことば

　大学・高専の機械系のカリキュラムは，時代の変化に伴い以前とはずいぶん変わってきました。

　一番大きな理由は，機械工学がその裾野を他分野に広げていく中で境界領域に属する学問分野が急速に進展してきたという事情にあります。例えば，電子技術，情報技術，各種センサ類を組み込んだ自動工作機械，ロボットなど，この間のめざましい発展が現在の機械工学の基盤の一つになっています。また，エネルギー・資源の開発とともに，省エネルギーの徹底化が緊急の課題となっています。最近では新たに地球環境保全の問題が大きくクローズアップされ，機械工学もこれを従来にも増して精神的支柱にしなければならない時代になってきました。

　このように学ぶべき内容が増えているにもかかわらず，他方では「ゆとりある教育」が叫ばれ，高専のみならず大学においても卒業までに修得すべき単位数が減ってきているのが現状です。

　私は1968年に高専に赴任し，現在まで三十数年間教育現場に携わってまいりました。当初に比べて最近では機械工学を専攻しようとする学生の目的意識と力がじつにさまざまであることを痛感しております。こうした事情は，大学をはじめとする高等教育機関においても共通するのではないかと思います。

　修得すべき内容が増える一方で単位数の削減と多様化する学生に対応できるように，「機械系教科書シリーズ」を以下の編集方針のもとで発刊することに致しました。

1. 機械工学の現分野を広く網羅し，シリーズの書目を現行のカリキュラムに則った構成にする。
2. 各書目においては基礎的な事項を精選し，図・表などを多用し，わかり

やすい教科書作りを心がける。
3. 執筆者は現場の先生方を中心とし，演習問題には詳しい解答を付け自習も可能なように配慮する。

　現場の先生方を中心とした手作りの教科書として，本シリーズを高専はもとより，大学，短大，専門学校などで機械工学を志す方々に広くご活用いただけることを願っています。

　最後になりましたが，本シリーズの企画段階からご協力いただいた，平井三友 幹事，阪部俊也，丸茂榮佑，青木繁の各委員および執筆を快く引き受けていただいた各執筆者の方々に心から感謝の意を表します。

2000年1月

編集委員長　木本　恭司

まえがき

　本書は，機械系の学生でこれから電子回路を学ぼうとする初心者を対象にした電子回路の入門書であり，メカトロニクスの電子系に関する基礎知識の習得を意図したものである。

　電子回路は，ダイオード，トランジスタおよび集積回路の能動素子に抵抗，コンデンサならびにコイルの受動素子を組み合わせて，電気信号の発生ならびに信号波形の操作や処理を行う回路のことであり，コンピュータをはじめ，計測，制御，通信などの広い分野の電子機器に使用されている。

　電子回路は，信号波形の形態からアナログ電子回路とディジタル電子回路に大別されるが，集積回路化が進んでいる。集積回路時代の電子回路は，集積回路を製作する側と使用する側に分かれており，使用する側は，回路の中身はブラックボックスとしてとらえ，その機能をいかに効果的に活用するかの使い方が重要になってきている。

　電子回路の実際的な設計や製作においては，目的とする回路機能を実現するために，デバイスの機能や特性を知り，効果的に活用する手法を習得しておくことが大切である。そこで，本書は，機械系の技術者を目指す人を対象に，電子回路の基本的な考え方と半導体デバイスの特性から，電子回路を組み立てる手法が理解できるようにやさしく解説したものである。

　以下，本書では，電気の基本的な扱い方に始まり，アナログ回路やディジタル回路の基礎を述べ，半導体デバイスのpn接合デバイスとトランジスタの機能と特性を説明し，具体的な回路の構成法について述べている。特に，集積回路による電子回路の構築の仕方が理解できるように，アナログ電子回路の基本構成要素であるオペアンプICと，ディジタル電子回路の基本構成要素であるゲートICを取り上げ，基本的な特性や回路構成の仕方を解説している。さら

に，メカトロニクス系に広く利用されている光デバイスの特性ならびに光電子回路の構成法についても述べている。

筆者らの浅学のために，記述不足や少なからず誤りもあると思われるが，ご叱正をいただければ幸いである。

最後に，本書の出版にご尽力頂いたコロナ社に厚くお礼申し上げる次第である。

2001年8月

著　者

目　　　次

1.　　電気の基礎知識

1.1　電気の表現法 ……………………………………………………*1*
　1.1.1　電気の基本表現記号と単位 …………………………………*1*
　1.1.2　受動デバイスの記号と単位 …………………………………*2*
　1.1.3　電気要素の記号と単位 ………………………………………*2*
1.2　電気の基本定義 ……………………………………………………*3*
　1.2.1　電流の定義 ……………………………………………………*3*
　1.2.2　オームの法則 …………………………………………………*4*
　1.2.3　電　　　力 ……………………………………………………*5*
1.3　直流に対する抵抗回路 ……………………………………………*5*
　1.3.1　直列抵抗回路 …………………………………………………*5*
　1.3.2　並列抵抗回路 …………………………………………………*6*
1.4　直流に対するコンデンサ回路 ……………………………………*8*
　1.4.1　コンデンサの性質 ……………………………………………*8*
　1.4.2　直列コンデンサ回路 …………………………………………*9*
　1.4.3　並列コンデンサ回路 …………………………………………*9*

2.　　アナログ回路の基礎

2.1　アナログ信号波 ……………………………………………………*11*
　2.1.1　正弦波電圧 ……………………………………………………*11*
　2.1.2　実　効　値 ……………………………………………………*12*
2.2　複素数表示 …………………………………………………………*14*
　2.2.1　複素数の基礎 …………………………………………………*14*
　2.2.2　正弦波電圧の複素数表示 ……………………………………*15*

2.2.3　複素電圧の微分と積分 ……………………………………… 16
2.3　アナログ信号に対する受動デバイスの機能 ………………………… 16
　　2.3.1　抵　抗　の　機　能 ……………………………………… 16
　　2.3.2　コンデンサの機能 ……………………………………… 18
　　2.3.3　コイルの機能 ……………………………………… 20
2.4　受動デバイス組合せ回路 ……………………………………… 22
　　2.4.1　コンデンサと抵抗の組合せ回路 ……………………………………… 22
　　2.4.2　コイルとコンデンサの回路 ……………………………………… 25

3.　四端子回路の基礎

3.1　四端子回路の考え方 ……………………………………… 30
　　3.1.1　四端子回路の表現 ……………………………………… 30
　　3.1.2　アナログ回路の特性 ……………………………………… 31
3.2　四端子定数回路 ……………………………………… 35
　　3.2.1　基　本　定　義 ……………………………………… 35
　　3.2.2　入出力インピーダンス ……………………………………… 36
　　3.2.3　電圧増幅度と電流増幅度 ……………………………………… 37
　　3.2.4　縦　続　接　続 ……………………………………… 37
3.3　四端子パラメータ回路 ……………………………………… 38
　　3.3.1　Z パラメータ回路 ……………………………………… 38
　　3.3.2　h パラメータ等価回路 ……………………………………… 41
　　3.3.3　g パラメータ等価回路 ……………………………………… 42

4.　ディジタル回路の基礎

4.1　ディジタル信号波 ……………………………………… 46
　　4.1.1　ステップ電圧 ……………………………………… 46
　　4.1.2　方　形　波 ……………………………………… 47
4.2　CR 回路の応答 ……………………………………… 49
　　4.2.1　ステップ電圧応答 ……………………………………… 49
　　4.2.2　パ　ル　ス　応　答 ……………………………………… 53

5. 論理回路の基礎

5.1 ブール代数 ………………………………………………… 56
5.1.1 ブール代数の定義 ………………………………… 56
5.1.2 実際的論理ゲート …………………………………… 57
5.2 NANDゲート ……………………………………………… 59
5.2.1 NANDゲートの機能 ………………………………… 59
5.2.2 NANDゲートによる論理設計 ……………………… 60
5.3 フリップフロップ …………………………………………… 62
5.3.1 動作原理と機能 ………………………………………… 62
5.3.2 JKフリップフロップ ………………………………… 65
5.3.3 その他のフリップフロップ …………………………… 65

6. 半導体とデバイス

6.1 半導体の基本的性質 ……………………………………… 69
6.1.1 電気材料の分類と半導体 …………………………… 69
6.1.2 真性半導体と不純物半導体 ………………………… 70
6.2 pn接合デバイス …………………………………………… 73
6.2.1 pn接合の基本機能 …………………………………… 73
6.2.2 整流回路 ………………………………………………… 75
6.3 半導体デバイスの概要 …………………………………… 77
6.3.1 単一半導体によるデバイス …………………………… 77
6.3.2 pn接合デバイス ……………………………………… 78
6.3.3 トランジスタデバイス ………………………………… 79
6.3.4 pnpn 4層デバイス …………………………………… 79

7. トランジスタと基本回路

7.1 接合形トランジスタ ……………………………………… 81
7.1.1 接合形トランジスタの構造と特性 …………………… 81
7.1.2 エミッタ接地の基本特性 ……………………………… 83

7.2　電界効果形トランジスタ ………………………………………… *87*
　　7.2.1　電界効果形トランジスタの構造と特性 ………………… *87*
　　7.2.2　ソース接地回路の基本特性 ……………………………… *92*

8.　トランジスタ増幅回路

8.1　接合形トランジスタ増幅回路 …………………………………… *95*
　8.1.1　バイアス回路 ……………………………………………… *95*
　8.1.2　基本増幅回路の回路構成 ………………………………… *97*
　8.1.3　増幅回路の解析法 ………………………………………… *98*
　8.1.4　増幅回路の解析 …………………………………………… *102*
8.2　電界効果形トランジスタ増幅回路 ……………………………… *107*
　8.2.1　基本増幅回路とバイアス ………………………………… *107*
　8.2.2　交流分回路とFETの等価回路 …………………………… *108*
　8.2.3　増幅回路の解析 …………………………………………… *110*

9.　アナログ集積回路

9.1　オペアンプの基本機能 …………………………………………… *112*
　9.1.1　オペアンプの特性 ………………………………………… *112*
　9.1.2　アナログ演算機能 ………………………………………… *115*
9.2　オペアンプ増幅回路 ……………………………………………… *117*
　9.2.1　逆相増幅回路 ……………………………………………… *117*
　9.2.2　正相増幅回路 ……………………………………………… *118*
　9.2.3　差動増幅回路 ……………………………………………… *119*
9.3　オペアンプIC応用回路 …………………………………………… *120*
　9.3.1　汎用オペアンプによるセンサ信号用増幅回路 ………… *120*
　9.3.2　オペアンプ応用機能 ……………………………………… *122*

10.　ディジタル集積回路

10.1　ディジタルICの分類と変遷 …………………………………… *124*
　10.1.1　ディジタルICの分類 …………………………………… *124*

10.1.2　ディジタル IC の変遷 ……………………………………………………… *125*
10.2　TTL IC ………………………………………………………………………………… *126*
　　　10.2.1　TTL IC の動作原理 ………………………………………………………… *126*
　　　10.2.2　TTL IC の電気的特性 ……………………………………………………… *128*
10.3　CMOS IC ……………………………………………………………………………… *131*
　　　10.3.1　CMOS IC の構成と動作原理 ……………………………………………… *131*
　　　10.3.2　CMOS NAND ゲートと電気的特性 ……………………………………… *132*
10.4　ディジタル IC の機能特性 …………………………………………………………… *133*
　　　10.4.1　オープンコレクタ IC ……………………………………………………… *133*
　　　10.4.2　スリーステイト IC ………………………………………………………… *133*

11.　フィルタ回路

11.1　フィルタの基本特性 …………………………………………………………………… *136*
11.2　シングルフィードバック形フィルタ回路 …………………………………………… *138*
　　　11.2.1　基本回路構成 ………………………………………………………………… *138*
　　　11.2.2　低域パスフィルタ回路 ……………………………………………………… *138*
　　　11.2.3　高域パスフィルタ回路 ……………………………………………………… *139*
11.3　マルチフィードバック形フィルタ回路 ……………………………………………… *140*
　　　11.3.1　基本回路構成 ………………………………………………………………… *140*
　　　11.3.2　低域パスフィルタ回路 ……………………………………………………… *141*
　　　11.3.3　高域パスフィルタ回路 ……………………………………………………… *142*
　　　11.3.4　帯域パスフィルタ回路 ……………………………………………………… *143*

12.　光デバイス回路

12.1　光デバイスの種類 ……………………………………………………………………… *145*
12.2　発光デバイスと回路 …………………………………………………………………… *146*
　　　12.2.1　LED の特性 ………………………………………………………………… *146*
　　　12.2.2　駆動回路 ……………………………………………………………………… *147*
12.3　受光デバイスと回路 …………………………………………………………………… *149*
　　　12.3.1　ホトダイオードの特性と受光回路 ………………………………………… *149*

  12.3.2 ホトトランジスタと受光回路 ………………………………… *152*
12.4 ホトカプラと回路 ……………………………………………… *153*
  12.4.1 ホトカプラの機能と種類 ……………………………………… *153*
  12.4.2 ホトカプラの電気的特性 ……………………………………… *154*
  12.4.3 ディジタルインタフェース回路 ……………………………… *155*
12.5 ホトインタラプタと回路 ……………………………………… *156*
  12.5.1 ホトインタラプタの動作原理 ………………………………… *156*
  12.5.2 ホトインタラプタ回路 ………………………………………… *157*

付　　　録 ………………………………………………………………… *160*

演 習 問 題 解 答 …………………………………………………………… *164*

索　　　引 ………………………………………………………………… *169*

1

電気の基礎知識

本章では，電子回路を学習するのに必要な電気工学の基礎知識について解説する。電気系で使用される記号と単位，直流に対する抵抗やコンデンサの機能や直流回路の基本的な考え方を説明する。

1.1 電気の表現法

1.1.1 電気の基本表現記号と単位

電気は直接的には見えないので，メータ類や計測機器の手段により測定されたり表示されたりするが，電気の表現の仕方には一定のルールが定められている。

電源 (electric power source) には，直流源 (DC：direct current) と交流源 (AC：alternating current) とがある。

直流源の代表例は電池であり，交流源の代表例は壁のコンセントである。これらを表現する記号を示したものが，**図 1.1** である。

電気を表現する基本要素は，電圧 (voltage)，電流 (electric current もし

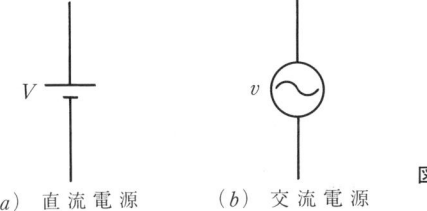

図 **1.1** 電源の記号

(a) 直流電源　　(b) 交流電源

くは単に current）および電力（electric power もしくは単に power）である。これらの単位と表現文字を示したのが，**表 1.1** である。

表 1.1 電気の基本表現要素と単位

	単位	直流	交流瞬時値	実効値
電圧	〔V〕	V	v, e	V, E
電流	〔A〕	I	i	I
電力	〔W〕	P	p	P

直流の表現には大文字が使用され，交流の表現には，瞬時値（後述）を表す場合には小文字で，実効値（後述）を表す場合には大文字が使用される。

1.1.2 受動デバイスの記号と単位

電気系で使用されるデバイス（素子）には，受動デバイス（passive device）と能動デバイス（active device）とがある。能動デバイスについては，**6**章以降で説明するが，ここでは，受動デバイスの記号と単位を紹介する。

受動デバイスには，抵抗（器）(resistor)，コンデンサ（condenser もしくは capacitor）およびコイル（coil もしくは inductor）の三つがある。**表 1.2** は，受動デバイスの記号，表現文字と単位を示したものである。

表 1.2 受動デバイスの記号，表現文字と単位

	記号	表現文字	単位
抵　　抗	─▭─	R	〔Ω〕(オーム)
コンデンサ（キャパシタ）	─┤├─	C	〔F〕(ファラド)
コイル（インダクタ）	─⌇⌇─	L	〔H〕(ヘンリー)

1.1.3 電気要素の記号と単位

電気系では，さらに，電荷，電界，磁界などの要素もあり，**表 1.3** に示すような記号と単位が使用される。

また，電気系では，単位表現に，**表 1.4** に示す関係も広く使用されている。

表 1.3 電気要素の記号と単位

	記号	単位
電荷	Q	〔C〕（クーロン）
電界	E	〔V/m〕（ボルト・パー・メータ）
磁界	H	〔A・turn/m〕（アンペア・ターン・パー・メータ）
磁束	ϕ	〔Wb〕（ウェーバ）

表 1.4 単位表現

文字	単位	文字	単位
k（キロ）	10^3	m（ミリ）	10^{-3}
M（メガ）	10^6	μ（マイクロ）	10^{-6}
G（ギガ）	10^9	n（ナノ）	10^{-9}
T（テラ）	10^{12}	p（ピコ）	10^{-12}

1.2 電気の基本定義

1.2.1 電流の定義

電流 I は，アンペア（ampere）〔A〕の単位で表現されるが，**電子**（electron）が移動することにより生ずる。

1 A の電流とは，1 秒間に 1 C（クーロン）の**電荷**の移動と定義されている。

電子は，原子（atom）の構成要素であり，負の電荷（negative charge）をもつ粒子である。電子の電荷の大きさを e，質量を m とすると

　　電荷　$e = 1.6 \times 10^{-19}$ 〔C〕

　　質量　$m = 9.1 \times 10^{-31}$ 〔kg〕

である。ただし，電子の電荷は負であるので，$-e$ で表現される場合が多い。

電流 I 〔A〕と電子の数 n の関係は

　　$I = e \cdot n$ 〔A〕 　　　　　　　　　　　　　　　　(1.1)

になる。すなわち，1 A の電流が流れるための電子の数 n は

$$n = \frac{1}{1.6 \times 10^{-19}} = 6.24 \times 10^{18} \ 〔個〕 \tag{1.2}$$

となる。ただし,電子は負の電荷をもつので,方向の関係として,「電流の流れる方向は電子の移動する方向と反対である」が成り立つ。

一方,電圧 V は,ボルト (volt)〔V〕の単位で表現され,素子の端子間電圧は,電位差 (potential difference) とも呼ばれる。したがって,「電圧は,電流を流すための差で,電流は電圧の高い方から低い方へ流れる」といえる。すなわち,電子は電圧の低い方から高い方へ移動することになる。

1.2.2 オームの法則

オームの法則 (Ohm's law) は,図 **1.2** の抵抗基本回路に示すように,電流 I〔A〕,電圧 V〔V〕および抵抗 R〔Ω〕の関係を示したもので

$$I = \frac{V}{R} \tag{1.3}$$

で定義される。

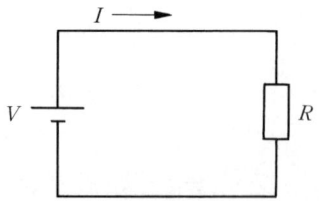

図 **1.2** 抵抗基本回路

したがって,「1Ω とは,1V の電圧を加えたときに,1A の電流を流す導体の抵抗」と定義することができる。

例えば,$V = 12$〔V〕のバッテリーに $R = 5$〔Ω〕の抵抗を接続するときの電流 I〔A〕は

$$I = \frac{V}{R} = \frac{12}{5} = 2.4 \ 〔A〕$$

と計算できる。

1.2.3 電　力

電気エネルギーの大きさを表すのに，**電力**（electric power）が使用される。電力の単位は，ワット（watt）〔W〕である。直流に対する電力 P〔W〕は

$$P = V \cdot I \quad \text{〔W〕} \tag{1.4}$$

で定義される（交流に対しては，少々異なる）。

電力を消費するものを一般的に**負荷**（load）と呼ぶが，負荷で使用される電力を消費電力と呼ぶ。

オームの法則との関係から，負荷抵抗 R の消費電力 P は

$$P = V \cdot I = V \cdot \frac{V}{R} = \frac{V^2}{R} \quad \text{〔W〕} \tag{1.5}$$

$$P = V \cdot I = (I \cdot R) \cdot I = I^2 \cdot R \quad \text{〔W〕} \tag{1.6}$$

により求めることができる。

1.3　直流に対する抵抗回路

1.3.1　直列抵抗回路

図 **1.3** は，抵抗 R_1 と R_2 を**直列接続**（series connection）した回路を示したものである。

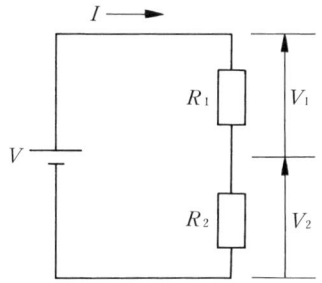

図 **1.3**　直列抵抗回路

回路を流れる電流を I〔A〕とすると，各抵抗に流れる電流は同じで，各抵抗 R_1 と R_2 の端子間電圧 V_1 と V_2 の和が電源電圧 V になる。直列回路では，**分圧**の関係になる。すなわち

$$V = V_1 + V_2 \tag{1.7}$$

となる。各抵抗の端子間電圧 V_1 と V_2 は，式 (1.3) のオームの法則により

$$V_1 = R_1 \cdot I \quad \text{および} \quad V_2 = R_2 \cdot I \tag{1.8}$$

の関係が成り立つから

$$V = R_1 \cdot I + R_2 \cdot I = (R_1 + R_2) \cdot I \tag{1.9}$$

となる。回路全体の抵抗（合成抵抗と呼ぶ）を R とすれば

$$V = R \cdot I \tag{1.10}$$

の関係であるから，**合成抵抗** (resultant resistance) R は

$$R = R_1 + R_2 \tag{1.11}$$

となる。すなわち，「抵抗が直列接続されたときの合成抵抗の値は，各抵抗の和に等しい」といえる。

抵抗分圧 V_1 および V_2 の関係は

$$V_1 = \frac{R_1}{R_1 + R_2} \cdot V \quad \text{および} \quad V_2 = \frac{R_2}{R_1 + R_2} \cdot V \tag{1.12}$$

となる。また，抵抗 R_1 と R_2 の消費電力 P_1 および P_2 は

$$P_1 = I^2 \cdot R_1 \quad \text{および} \quad P_2 = I^2 \cdot R_2 \tag{1.13}$$

の関係から求められる。

1.3.2 並列抵抗回路

図 **1.4** は，抵抗 R_1 と R_2 を**並列接続** (parallel connection) した回路を示したものである。

各抵抗の端子間電圧は同じ（電源電圧 V）で，抵抗 R_1 と R_2 に流れる電流 I_1 と I_2 の和が回路全体の電流 I になる。並列回路では，**分流**の関係になる。

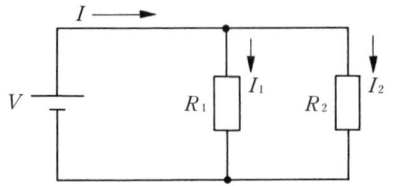

図 **1.4** 並列抵抗回路

すなわち

$$I = I_1 + I_2 \tag{1.14}$$

となる。各抵抗の電流 I_1 と I_2 は，式 (1.3) のオームの法則より

$$I_1 = \frac{V}{R_1} \quad \text{および} \quad I_2 = \frac{V}{R_2} \tag{1.15}$$

の関係が成り立つから

$$I = \frac{V}{R_1} + \frac{V}{R_2} = \left(\frac{1}{R_1} + \frac{1}{R_2}\right) \cdot V \tag{1.16}$$

となる。回路全体の抵抗（合成抵抗）を R とすれば

$$I = \frac{V}{R} \tag{1.17}$$

であるから，合成抵抗 R は

$$\frac{1}{R} = \frac{1}{R_1} + \frac{1}{R_2} \tag{1.18}$$

の関係になる。すなわち，「抵抗が並列接続されたときの合成抵抗の逆数の値は，各抵抗の逆数の和に等しい」といえる。

したがって，合成抵抗 R の値は

$$R = \frac{R_1 \cdot R_2}{R_1 + R_2} \tag{1.19}$$

となる。分流電流 I_1 および I_2 の関係は

$$I_1 = \frac{R_2}{R_1 + R_2} \cdot I \quad \text{および} \quad I_2 = \frac{R_1}{R_1 + R_2} \cdot I \tag{1.20}$$

となる。また，抵抗 R_1 と R_2 の消費電力 P_1 および P_2 は

$$P_1 = \frac{V^2}{R_1} \quad \text{および} \quad P_2 = \frac{V^2}{R_2} \tag{1.21}$$

の関係から求められる。

1.4 直流に対するコンデンサ回路

1.4.1 コンデンサの性質

コンデンサ（condenser）は，キャパシタ（capacitor）とも呼ばれ，基本的に，電荷（electric charge）を蓄える性質をもつ。

その性質を表すのに，**静電容量**（electrostatic capacitance）C〔F〕（ファラド）が使用される。

コンデンサの静電容量 C と電荷（charge）Q〔C〕（クーロン）との関係は，図 1.5 に示すように，コンデンサの端子間電圧を V〔V〕（ボルト）とすると

$$Q = C \cdot V \tag{1.22}$$

の関係がある。

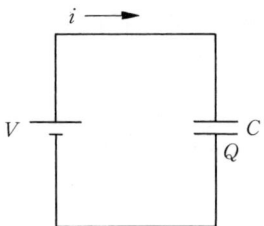

図 1.5 コンデンサ基本回路

電荷の時間的変化（電荷の時間微分）が電流と定義されているから，電荷 Q と電流 i（充電電流および放電電流）の関係は

$$i = \frac{dQ}{dt} \text{〔A〕} \tag{1.23}$$

で与えられる。したがって

$$i = C \cdot \frac{dV}{dt} \text{〔A〕} \tag{1.24}$$

の関係が成立する。

1.4.2 直列コンデンサ回路

図 1.6 は,コンデンサ C_1 と C_2 の直列接続回路を示したものである。

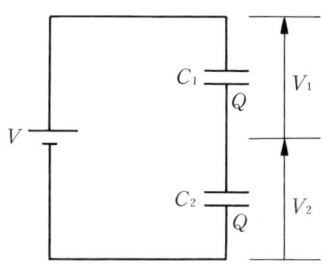

図 1.6 直列コンデンサ回路

各コンデンサに蓄えられる電荷は同じで,各端子間電圧が異なる。電荷の大きさを Q 〔C〕とし,各コンデンサ C_1 と C_2 の端子間電圧を V_1 と V_2 とすると

$$V_1 = \frac{Q}{C_1}, \quad V_2 = \frac{Q}{C_2} \tag{1.25}$$

の関係が成立する。全体の電圧 V は,分圧の関係から

$$V = V_1 + V_2 \tag{1.26}$$

となる。**合成容量**を C とすると,$Q = C \cdot V$ の関係から

$$\frac{1}{C} = \frac{1}{C_1} + \frac{1}{C_2} \tag{1.27}$$

となる。すなわち,「直列接続の合成容量の逆数は,各容量の逆数の和に等しい」といえる。したがって,合成容量 C の値は

$$C = \frac{C_1 \cdot C_2}{C_1 + C_2} \ \text{〔F〕} \tag{1.28}$$

となる。コンデンサ分圧による分圧電圧 V_1 および V_2 の関係は,次式になる。

$$V_1 = \frac{C_2}{C_1 + C_2} \cdot V \quad \text{および} \quad V_2 = \frac{C_1}{C_1 + C_2} \cdot V \tag{1.29}$$

1.4.3 並列コンデンサ回路

図 1.7 は,コンデンサ C_1 と C_2 の並列接続回路を示したものである。この場合,各コンデンサに蓄えられる電荷の大きさは異なるが,各端子間電

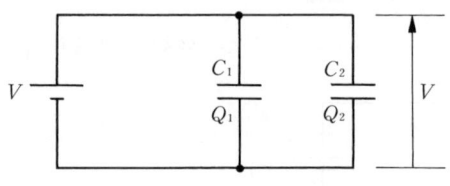

図 1.7 並列コンデンサ回路

圧は同じになる。端子間電圧を V とし，コンデンサ C_1 の電荷を Q_1，コンデンサ C_2 の電荷を Q_2 とすれば

$$Q_1 = C_1 \cdot V, \qquad Q_2 = C_2 \cdot V \tag{1.30}$$

の関係になる。全体の電荷の大きさを Q とすれば

$$Q = Q_1 + Q_2 \tag{1.31}$$

であるから，合成容量 C の値は，$Q = C \cdot V$ の関係から，次式になる。

$$C = C_1 + C_2 \tag{1.32}$$

すなわち，「並列接続の合成容量は，各容量の和に等しい」といえる。

演 習 問 題

【1】 1秒間に $0.5\,\mathrm{A}$ の電流が流れるとき，移動する電子の数 n はいくらになるか。

【2】 $12\,\mathrm{V}$ 用 $36\,\mathrm{W}$ の電球を $12\,\mathrm{V}$ のバッテリーで使用するとき，電球を流れる電流 I は何アンペアになるか。

【3】 $12\,\mathrm{V}$ のバッテリーで，負荷の電流が $2\,\mathrm{A}$ であるとき，負荷の抵抗 R と消費電力 P はいくらか。

【4】 抵抗 R_1, R_2 および R_3 が並列に接続されるときの合成抵抗 R はいくらになるか。

【5】 抵抗 $R_1 = 2\,(\mathrm{k}\Omega)$ と $R_2 = 4\,(\mathrm{k}\Omega)$ を直列接続し，$V = 12\,(\mathrm{V})$ のバッテリーに接続するとき各抵抗の端子間電圧 V_1, V_2 はいくらになるか。

【6】 $C_1 = 10\,(\mu\mathrm{F})$, $C_2 = 20\,(\mu\mathrm{F})$ のコンデンサを直列接続して，$12\,\mathrm{V}$ の直流に接続するとき，各コンデンサの端子間電圧 V_1, V_2 はいくらになるか。

2

アナログ回路の基礎

　本章では,アナログ信号の基本である正弦波電圧の特性,アナログ回路計算を容易にする複素数表示の基礎ならびにアナログ信号に対する受動素子の機能について説明する。

2.1 アナログ信号波

　アナログ信号は,時間に対して一様に(linear)変化する電圧や電流の波であり,その基本は**正弦波**(sinusoidal wave)である。ここでは,正弦波電圧の基本的な性質と扱い方について述べる。

2.1.1 正弦波電圧

　正弦波電圧の**瞬時値**(instantaneous value) $v(t)$ は

$$v(t) = V_m \cdot \sin(\omega t + \theta) \quad [\text{V}] \tag{2.1}$$

で表される。ここで,$v(t)$ は,電圧 v が,時間 t に関係していること,すなわち,時間関数であることを示す。しかし,普通は瞬時値を v で表すことが多い。

　V_m は,**最大値**(maximum value)または**振幅**(amplitude)と呼ばれ,θ は,**位相**(phase)または位相角(phase angle)と呼ばれ,$t=0$ における波形の状態を示すものである。ω は,**角周波数**(angular frequency)または角速度(angular velocity)と呼ばれる。

　図2.1は,式(2.1)で,$\theta=0$ のときの波形を図示したものである。

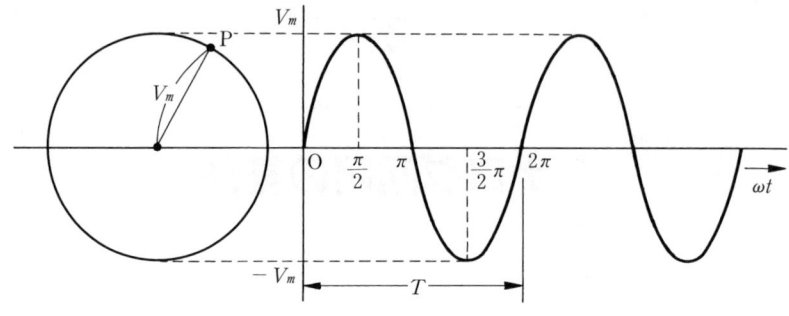

図**2.1** 正弦波電圧の波形

　この波形は，半径 V_m の円周上の点 P の軌跡であり，横軸の ωt は，弧度法で示したものであり，単位は，〔rad〕（ラジアン）である。

　弧度法は，点 P が円を1周する角度，すなわち 360 度を 2π に対応させた角度の表示法である。

　1波形を経過する時間 T は**周期**（period）であり，正弦波は，2π〔rad〕の周期をもつ。

　角周波数 ω と周期 T との間には，**図2.1** より，以下の関係が成立する。

$$\omega T = 2\pi \tag{2.2}$$

　周波数（frequency）f は，同一波形が1秒間に繰り返す数で，単位は Hz（ヘルツ）である。周期 T と**周波数** f の関係は

$$f = \frac{1}{T} \ \text{〔Hz〕} \tag{2.3}$$

である。したがって，角周波数 ω と周波数 f の関係は，次式となる。

$$\omega = 2\pi f \ \text{〔rad/s〕} \tag{2.4}$$

2.1.2　実　効　値

　正弦波の電圧や電流の大きさを表すのに，**実効値**（root mean square value 略して r.m.s.）が使用される。交流の電圧計や電流計では，一般的に実効値での表示がなされる。

　この実効値は，**図2.2** に示す交流に対する抵抗回路の消費電力の関係から

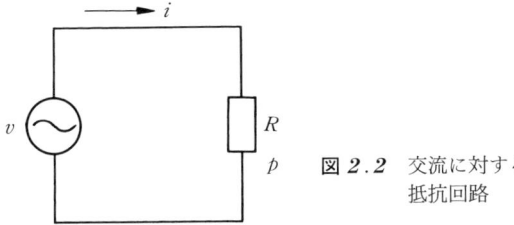

図 2.2 交流に対する抵抗回路

求められる。

抵抗 R に瞬時値 v の交流電圧を印加するとき，抵抗で消費される電力の瞬時値 p は

$$p = \frac{v^2}{R} \quad [\text{W}] \tag{2.5}$$

となる。瞬時交流電圧 v の1周期 T に対して抵抗で消費される電力 (**平均電力**と呼ぶ) P は

$$P = \frac{1}{T} \int_0^T p\,dt = \frac{1}{T} \int_0^T \frac{v^2}{R}\,dt \quad [\text{W}] \tag{2.6}$$

となる。この平均電力を得るための直流とみなしたときの電圧 V は

$$P = \frac{V^2}{R} \quad [\text{W}] \tag{2.7}$$

の関係にある。交流電圧による平均電力を，直流電圧で得られる電力と同じ大きさになるようにした交流電圧の値 V を実効値と呼ぶ。すなわち，式 (2.6) と式 (2.7) から

$$V = \sqrt{\frac{1}{T} \int_0^T v^2\,dt} \quad [\text{V}] \tag{2.8}$$

となる。言い換えると，実効値は，「瞬時値の2乗平均の平方根」で与えられることになる。

瞬時交流電圧 $v = V_m \cdot \sin \omega t$ の実効値 V は

$$V = \sqrt{\frac{1}{T} \int_0^T (V_m \cdot \sin \omega t)^2\,dt} = \frac{V_m}{\sqrt{2}} \quad [\text{V}] \tag{2.9}$$

となる (付録II参照)。すなわち，正弦波の実効値は，最大値 (振幅) の $1/\sqrt{2}$

(=0.707)倍である。

例えば，壁のコンセントの100Vの交流電圧とは，実効値 V が100Vの電圧のことであり，振幅電圧値 V_m は

$$V_m = \sqrt{2} \cdot V = \sqrt{2} \cdot 100 = 141.4 \quad [V]$$

である。したがって，100Vの交流電圧は，+141.4Vから-141.4Vまでの電圧変化の波であり，ピーク値の差は282.8Vにも達するのである。

2.2 複 素 数 表 示

2.2.1 複素数の基礎

一般に，**複素数** (complex number) A ($\dot{A}$ と表示する場合もある) は

$$A = a + jb \tag{2.10}$$

で表される。複素数 A は，ベクトルと呼ばれることもある。

ここで

$j = \sqrt{-1}$: 虚数単位 (imaginary unit)

a : 複素数 A の実数部 (real part)

b : 複素数 A の虚数部 (imaginary part)

である。

この複素数 A は，実数部を横軸（x軸）に，虚数部を縦軸（y軸）にとった直角座標系で表示すると，**図 2.3** に示すようになる。複素数 A は，平面上の点 P によって表示される。この平面は，**複素平面** (complex plane) と呼ば

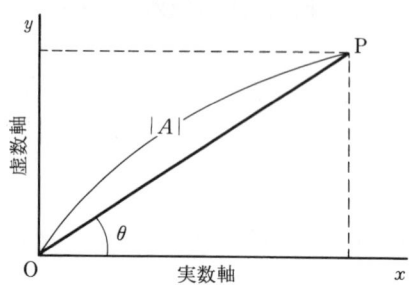

図 2.3 複 素 平 面

れる。

　点Pと原点Oの長さを $|A|$ とし，OPが x 軸となす角を θ とすれば，複素数 A は

$$A = |A| \angle \theta \tag{2.11}$$

と表すことができる。

　このような表現を極座標表示といい，$|A|$ を複素数 A の**絶対値** (absolute value)，θ を**偏角** (argument) という。図 **2.3** より

$$\sin\theta = \frac{b}{\sqrt{a^2+b^2}}, \quad \cos\theta = \frac{a}{\sqrt{a^2+b^2}}, \quad \tan\theta = \frac{b}{a} \tag{2.12}$$

の関係が得られるから

$$a = \sqrt{a^2+b^2}\cdot\cos\theta, \quad b = \sqrt{a^2+b^2}\cdot\sin\theta \tag{2.13}$$

となる。したがって，ベクトル A は，その絶対値 $|A|$ と偏角 θ で表すと

$$A = a + jb = \sqrt{a^2+b^2}\cdot(\cos\theta + j\sin\theta) = |A|\cdot(\cos\theta + j\sin\theta) \tag{2.14}$$

の関係が求められる。

　オイラーの公式 (Euler's formura)，すなわち，三角関数と指数関数の対応関係

$$\cos\theta + j\sin\theta = e^{j\theta} \tag{2.15}$$

を用いて，式 (2.14) を書き直すと，ベクトル A は，偏角 θ を用いて

$$A = |A|\cdot e^{j\theta} \tag{2.16}$$

のように，指数関数で表現することができる。すなわち，複素数 $A = a+jb$ は

$$A = |A|\cdot(\cos\theta + j\sin\theta) = |A|\angle\theta = |A|\cdot e^{j\theta} \tag{2.17}$$

と表現することができる。ただし，絶対値 $|A| = \sqrt{a^2+b^2}$，偏角 $\theta = \tan^{-1}(b/a)$ である。

2.2.2　正弦波電圧の複素数表示

　正弦波電圧 $v = V_m\cdot\sin\omega t = \sqrt{2}\,V\cdot\sin\omega t$ は，複素電圧 V_M を用いて

$$V_M = |V_m|\cdot e^{j\omega t} \tag{2.18}$$

と表現することができる。すなわち

$$V_M = |V_m| \cdot (\cos \omega t + j\sin \omega t) \tag{2.19}$$

であるから，瞬時値 v は，絶対値 $|V_m|$ を最大値 V_m にして，虚数部のみをとれば求められることになる。

交流回路の計算では，実効値がよく使用されるので，複素電圧 V_M は，実効値電圧 V を用いて

$$V_M = V \cdot e^{j\omega t} \tag{2.20}$$

で表現される場合が多い。この場合も，瞬時電圧 v を得るためには，最大値が $\sqrt{2}\,V$ になることに注意して，虚数部の sin の項をとればよい。

2.2.3 複素電圧の微分と積分

複素電圧 $V_M = V \cdot e^{j\omega t}$ の微分と積分は，それぞれ

$$\frac{dV_M}{dt} = j\omega V \cdot e^{j\omega t} = j\omega V_M \tag{2.21}$$

$$\int V_M \, dt = \frac{1}{j\omega} V \cdot e^{j\omega t} = \frac{V_M}{j\omega} \tag{2.22}$$

となる。すなわち，一般に複素数 X において

$$\frac{dX}{dt} \text{ の形（微分形）} \longrightarrow j\omega X$$

$$\int X \, dt \text{ の形（積分形）} \longrightarrow \frac{X}{j\omega}$$

に，それぞれ置き換えることができる。アナログ回路における微分形や積分形は，$j\omega$ という記号により扱うことができ，計算が容易になる。このような使い方を**記号法**（symbolic method）と呼ぶ。

2.3 アナログ信号に対する受動デバイスの機能

2.3.1 抵抗の機能

図 2.4 は，抵抗 R にアナログ信号電圧（正弦波電圧）$v = \sqrt{2}\,V \cdot \sin \omega t$ を

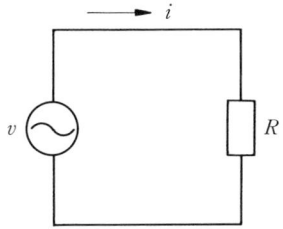

図 2.4 抵抗回路

印加する抵抗回路を示したものである。

抵抗 R に流れる瞬時電流 i は,オームの法則より

$$i = \frac{v}{R} = \frac{\sqrt{2}\,V}{R}\sin\omega t \quad [A] \tag{2.23}$$

となる。

複素数表示から計算すると,以下のようになる。

正弦波電圧の複素数表示 V_M は, $V_M = V \cdot e^{j\omega t}$ であるから,抵抗 R に流れる電流ベクトル I_M は,オームの法則より

$$I_M = \frac{V_M}{R} = \frac{V}{R}e^{j\omega t} \quad [A] \tag{2.24}$$

となる。したがって,電流の瞬時値 i は,電圧の実効値 V を最大値にするために $\sqrt{2}$ 倍し,複素数の sin の項をとればよいから,式 (2.23) の関係が求められる。

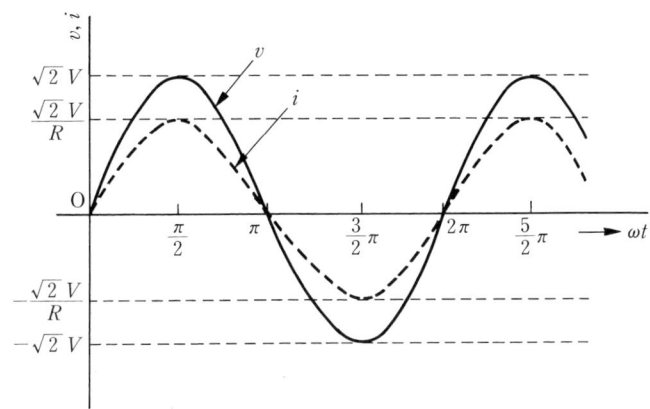

図 2.5 電圧 v と電流 i の時間的関係

2. アナログ回路の基礎

電圧 v と電流 i の時間的な関係は，図 2.5 に示すようになり，電流の位相は，印加電圧の位相と**同相**（in phase）である。

実効値電圧 V と実効値電流 I の関係は，式（2.23）の振幅が電流の最大値 $\sqrt{2}\,I$ になることから

$$I = \frac{V}{R} \quad [\mathrm{A}] \tag{2.25}$$

となる。

2.3.2 コンデンサの機能

図 2.6 は，コンデンサ C にアナログ信号電圧（正弦波電圧）$v=\sqrt{2}\,V\cdot\sin\omega t$ を印加するコンデンサ回路を示したものである。

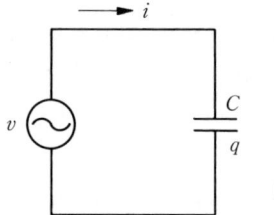

図 2.6 コンデンサ回路

コンデンサの電荷を q，電流を i とすると，直流回路で示したのと同様に

$$q = C \cdot v \quad [\mathrm{C}] \tag{2.26}$$

$$i = \frac{dq}{dt} \quad [\mathrm{A}] \tag{2.27}$$

の関係が成立する。したがって，回路を流れる電流 i は

$$i = C \cdot \frac{dv}{dt} \quad [\mathrm{A}] \tag{2.28}$$

となる。したがって

$$i = C \cdot \frac{d(\sqrt{2}\,V\cdot\sin\omega t)}{dt}$$

$$= \omega C \cdot \sqrt{2}\,V \cdot \cos\omega t = \omega C \cdot \sqrt{2}\,V \cdot \sin\left(\omega t + \frac{\pi}{2}\right)$$

$$= \sqrt{2}\,I \cdot \sin\left(\omega t + \frac{\pi}{2}\right) \quad [\text{A}] \tag{2.29}$$

となる。電圧 v と電流 i の時間的な関係は，図 2.7 に示すようになり，電流の位相は，印加電圧の位相より，$\pi/2$（90度）進んでいることがわかる。

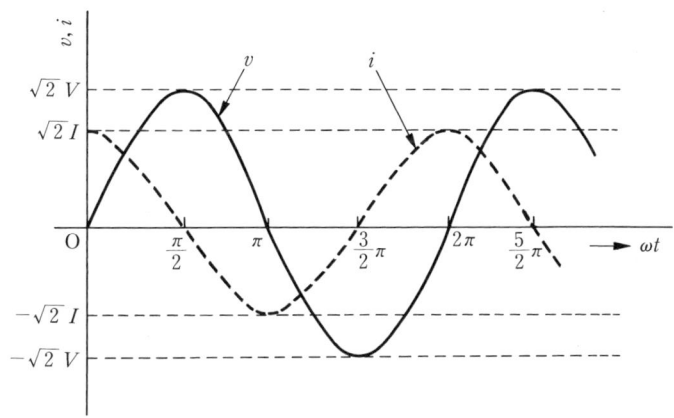

図 2.7　電圧 v と電流 i の時間的関係

式 (2.29) を，実効値電圧 V と実効値電流 I を用いて書き直すと

$$I = \omega C \cdot V = \frac{V}{\dfrac{1}{\omega C}} = \frac{V}{X_C} \quad [\text{A}] \tag{2.30}$$

となる。ここで，X_C は，オームの法則に対する抵抗に相当するもので

$$X_C = \frac{1}{\omega C} \quad [\Omega] \tag{2.31}$$

である。X_C は，**容量リアクタンス**（capacitive reactance）と呼ばれる。

$\omega = 2\pi f$ の関係から，容量リアクタンス X_C は

$$X_C = \frac{1}{2\pi f \cdot C} \quad [\Omega] \tag{2.32}$$

となり，周波数 f に逆比例していることがわかる。すなわち，コンデンサは，直流に対しては抵抗とみなした値は無限大で，周波数の高いアナログ信号に対しては抵抗とみなした値が小さくなる性質をもつ。

複素数による計算を試みる。式 (2.28) を複素交流電圧 V_M と複素交流電

流 I_M を用いて書き直すと

$$I_M = C \cdot \frac{dV_M}{dt} = C \cdot \frac{d(V \cdot e^{j\omega t})}{dt}$$
$$= j\omega C \cdot V \cdot e^{j\omega t} = j\omega C \cdot V_M \qquad (2.33)$$

となる。ここで，**複素容量リアクタンス**を X_{CM} とすれば

$$X_{CM} = \frac{1}{j\omega C} \qquad (2.34)$$

の関係になり，その絶対値は式（2.31）と一致する。

2.3.3 コイルの機能

コイルは，**インダクタンス**（inductance）という性質をもち，電流を流すと**磁束**（flux）を発生する。この磁束の時間的変化が電磁誘導作用と呼ばれ，コイルは，モータ，発電機および変圧器の基本要素になっている。ここでは，電子回路に使用される受動デバイスとしてのコイルの機能について説明する。

インダクタンス L〔H〕（ヘンリー）のコイルに電流（交流）i〔A〕を流すときに発生する磁束 ϕ〔Wb〕（ウェーバ）は

$$\phi = L \cdot i \quad 〔\text{Wb}〕 \qquad (2.35)$$

の関係で与えられる。磁束が時間的に変化によって起電力（**逆起電力**と呼ばれる）を発生することが**ファラデーの法則**として知られている。すなわち，逆起電力 e〔V〕は

$$e = -\frac{d\phi}{dt} = -L \cdot \frac{di}{dt} \quad 〔\text{V}〕 \qquad (2.36)$$

の関係である。したがって，「コイルに発生する電圧は，コイルに流す電流の変化に比例する」といえる。

図 2.8 は，インダクタンス L のコイルにアナログ信号電圧（正弦波電圧）$v = \sqrt{2}\,V \cdot \sin \omega t$ を印加するインダクタンス回路を示したものである。

印加電圧 v と逆起電力 e は，$v = -e$ の関係にあるので

$$v = L \cdot \frac{di}{dt} \quad 〔\text{V}〕 \qquad (2.37)$$

2.3 アナログ信号に対する受動デバイスの機能

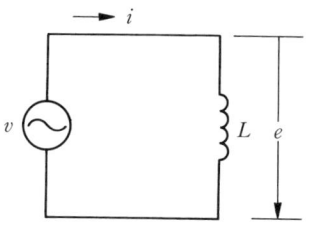

図 2.8 インダクタンス回路

が成立する。したがって，v を与えたときの電流 i は，式 (2.37) より

$$i = \int \frac{1}{L} \cdot v \cdot dt \tag{2.38}$$

となる。すなわち

$$\begin{aligned}
i &= \int \frac{1}{L} \cdot (\sqrt{2}\,V \cdot \sin \omega t) \cdot dt = \frac{\sqrt{2}\,V}{L} \int \sin \omega t \cdot dt \\
&= \frac{\sqrt{2}\,V}{\omega L} \cdot (-\cos \omega t) = \frac{\sqrt{2}\,V}{\omega L} \cdot \sin\left(\omega t - \frac{\pi}{2}\right) \\
&= \sqrt{2}\,I \cdot \sin\left(\omega t - \frac{\pi}{2}\right) \quad \text{〔A〕} \tag{2.39}
\end{aligned}$$

となる。電圧 v と電流 i の時間的な関係は，図 2.9 に示すようになり，電流の位相は，印加電圧の位相より，$\pi/2$（90度）遅れていることがわかる。

実効値電流 I と実効値電圧 V の関係は

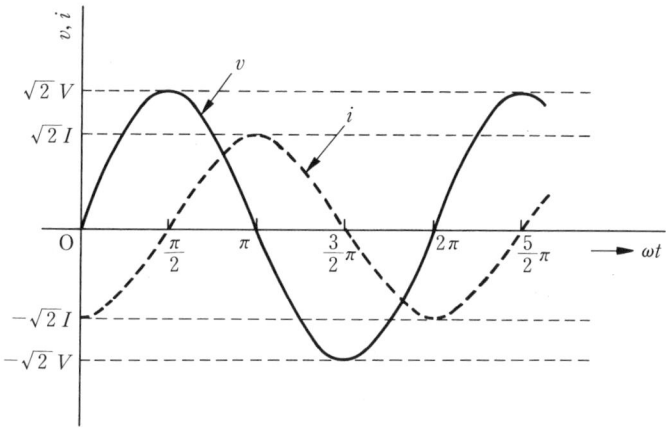

図 2.9 電圧 v と電流 i の時間的関係

$$I = \frac{V}{\omega L} = \frac{V}{X_L} \quad [\text{A}] \tag{2.40}$$

となり，X_L は，**誘導リアクタンス**（inductive reactance）と呼ばれ

$$X_L = \omega L = 2\pi f \cdot L \quad [\Omega] \tag{2.41}$$

である。X_L は，周波数 f に比例していることがわかる。すなわち，コイルは，直流に対しては抵抗とみなした値は 0 で，周波数の高いアナログ信号に対しては抵抗とみなした値が大きくなる性質をもつ。

ここで，複素数による計算を試みる。式（2.39）を複素交流電圧 V_M と複素交流電流 I_M を用いて書き直すと

$$\begin{aligned} I_M &= \int \frac{1}{L} \cdot V_M \cdot dt = \frac{1}{L} \int V \cdot e^{j\omega t} \cdot dt \\ &= \frac{V \cdot e^{j\omega t}}{j\omega L} = \frac{V_M}{j\omega L} \end{aligned} \tag{2.42}$$

となる。ここで，**複素誘導リアクタンス**を X_{LM} とすれば

$$X_{LM} = j\omega L \tag{2.43}$$

の関係になり，その絶対値は，式（2.41）と一致することがわかる。

2.4 受動デバイス組合せ回路

2.4.1 コンデンサと抵抗の組合せ回路

アナログ信号に対するコンデンサ C と抵抗 R の直列回路は，信号の周波数に対してのフィルタ機能をもつ。

〔1〕 **高域パス回路**　図 2.10 は，**CR 高域パス回路**を示したものである。

回路電流を i とすると，入力電圧 v_i および出力電圧 v_o は

$$v_i = R \cdot i + \frac{1}{C} \int i \, dt \tag{2.44}$$

$$v_o = R \cdot i \tag{2.45}$$

となる。これらの関係を複素交流電圧 V_{MI} と V_{MO} および複素交流電流 I_M を用

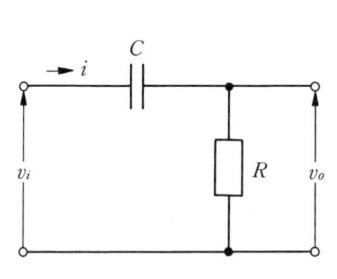

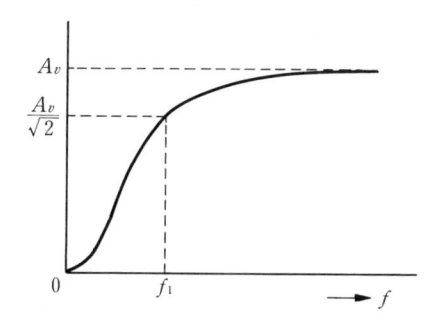

図 2.10 CR 高域パス回路　　**図 2.11** CR 高域パス回路の周波数特性

いて書き直すと

$$V_{MI} = \left(R + \frac{1}{j\omega C}\right) \cdot I_M \tag{2.46}$$

$$V_{MO} = R \cdot I_M \tag{2.47}$$

となる．したがって，入出力の電圧比 V_{MO}/V_{MI} は

$$\frac{V_{MO}}{V_{MI}} = \frac{j\omega CR}{1 + \frac{1}{j\omega CR}} = \frac{j\omega CR}{1 + j\omega CR} \tag{2.48}$$

であるから，その絶対値 A_v は

$$A_v = \left|\frac{V_{MO}}{V_{MI}}\right| = \frac{1}{\sqrt{1 + \left(\frac{1}{\omega CR}\right)^2}} \tag{2.49}$$

となる．**遮断周波数**（cut-off frequency）f_1 は，A_v が $1/\sqrt{2}$ になる周波数と定義されるから

$$f_1 = \frac{1}{2\pi CR} \tag{2.50}$$

である．この関係を式 (2.49) に代入すれば，A_v は

$$A_v = \frac{1}{\sqrt{1 + \left(\frac{f_1}{f}\right)^2}} \tag{2.51}$$

となる．したがって，図 **2.11** に示すように，周波数 f に対して

　　$f \gg f_1$ ならば，$A_v \to 1$

　　$f \ll f_1$ ならば，$A_v \to 0$

の関係が得られる。すなわち，この回路は，f_1 より高い周波数のアナログ信号成分は通過させ，f_1 より低い周波数の信号成分は通過させないという，高域パスのフィルタ機能をもつ。

〔2〕 **低域パス回路**　図 **2.12** は，**CR 低域パス回路**を示したものである。

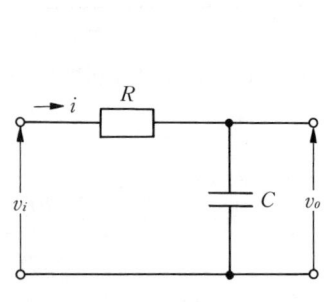

図 2.12　CR 低域パス回路

図 2.13　CR 低域パス回路の周波数特性

回路電流を i とすると，入力電圧 v_i および出力電圧 v_o は

$$v_i = R \cdot i + \frac{1}{C} \int i\, dt \tag{2.52}$$

$$v_o = \frac{1}{C} \int i\, dt \tag{2.53}$$

となる。これらの関係を複素交流電圧 V_{MI} と V_{MO} および複素交流電流 I_M を用いて書き直すと

$$V_{MI} = \left(R + \frac{1}{j\omega C} \right) \cdot I_M \tag{2.54}$$

$$V_{MO} = \frac{1}{j\omega C} I_M \tag{2.55}$$

となる。したがって，入出力の電圧比 V_{MO}/V_{MI} は

$$\frac{V_{MO}}{V_{MI}} = \frac{1}{1 + j\omega CR} \tag{2.56}$$

であるから，その絶対値 A_v は

$$A_v = \left| \frac{V_{MO}}{V_{MI}} \right| = \frac{1}{\sqrt{1 + (\omega CR)^2}} \tag{2.57}$$

となる。**遮断周波数** f_2 は，A_v が $1/\sqrt{2}$ になる周波数であるから

$$f_2 = \frac{1}{2\pi CR} \tag{2.58}$$

である。この関係を式 (2.57) に代入すれば，A_v は

$$A_v = \frac{1}{\sqrt{1+\left(\dfrac{f}{f_2}\right)^2}} \tag{2.59}$$

となる。したがって，図 **2.13** に示すように，周波数 f に対して

$f \ll f_2$ ならば，$A_v \to 1$

$f \gg f_2$ ならば，$A_v \to 0$

の関係が得られる。すなわち，この回路は，f_2 より低い周波数のアナログ信号成分は通過させ，f_2 より高い周波数の信号成分は通過させないという，低域パスのフィルタ機能をもつ。

2.4.2 コイルとコンデンサの回路

〔**1**〕 **直列接続回路** コイルは，インダクタンス成分 L と抵抗成分 R の直列合成であり，コンデンサ C との直列接続回路は，図 **2.14** に示すように，RLC 回路となる。抵抗成分 R を無視すれば，LC 直列回路になる。

回路電流を i とすれば

$$v = R \cdot i + L \cdot \frac{di}{dt} + \frac{1}{C}\int i\,dt \tag{2.60}$$

の関係になる。複素交流電圧 V_M および複素交流電流 I_M を用いて書き直すと

$$V_M = R \cdot I_M + j\omega L \cdot I_M + \frac{1}{j\omega C} \cdot I_M$$

$$= \left\{R + j \cdot \left(\omega L - \frac{1}{\omega C}\right)\right\} \cdot I_M \tag{2.61}$$

となる。したがって，**複素インピーダンス** Z_M は

$$Z_M = R + j \cdot \left(\omega L - \frac{1}{\omega C}\right) \tag{2.62}$$

となる。複素インピーダンス Z_M の絶対値 Z は

図2.14 直列接続回路

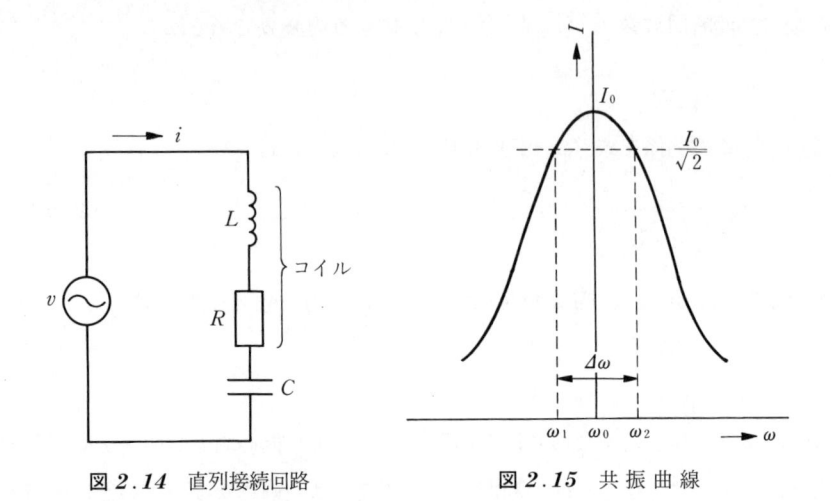

図2.15 共振曲線

$$Z=|Z_M|=\sqrt{R^2+\left(\omega L-\frac{1}{\omega C}\right)^2} \tag{2.63}$$

となる．したがって，回路電流の実効値 I は，電圧の実効値を V とすれば，$I=V/Z$ の関係であるから

$$I=\frac{V}{\sqrt{R^2+\left(\omega L-\frac{1}{\omega C}\right)^2}} \tag{2.64}$$

となる．回路電流 I の最大値 I_0 は

$$\omega L-\frac{1}{\omega C}=0 \tag{2.65}$$

のときであり，$I_0=\dfrac{V}{R}$ となる．このときの角周波数（共振角周波数）を ω_0 とすると

$$\omega_0=\frac{1}{\sqrt{LC}} \tag{2.66}$$

の関係が求められる．すなわち，**共振周波数** (resonance frequency) f_0 は

$$f_0=\frac{1}{2\pi\sqrt{LC}} \tag{2.67}$$

になる．図2.15 は，角周波数 ω と回路電流 I の関係を示したもので，共振

曲線と呼ばれる。

電流値が $I_0/\sqrt{2}$ になる角周波数を ω_1, ω_2 として

$$\Delta\omega = \omega_2 - \omega_1 \tag{2.68}$$

とおくとき，**共振の鋭さ** Q は

$$Q = \frac{\omega_0}{\Delta\omega} = \frac{f_0}{\Delta f} \tag{2.69}$$

で与えられる。ここで，f_0 および Δf は，それぞれ ω_0 および $\Delta\omega$ に対する周波数であるから

$$Q = \frac{\omega_0 L}{R} = \frac{1}{R}\cdot\sqrt{\frac{L}{C}} \tag{2.70}$$

の関係になる。

〔2〕 **並列接続回路**　コイル（インダクタンス成分 L と抵抗成分 R の直列合成）とコンデンサ C との並列接続回路は，**図2.16**に示すようになる。

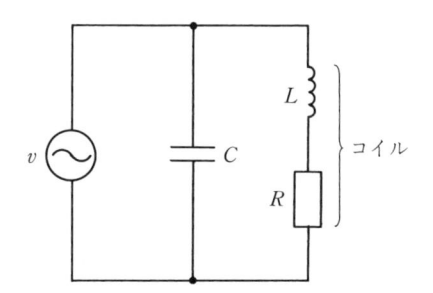

図2.16　並列接続回路

回路方程式は

$$\left.\begin{array}{l} i = i_1 + i_2 \\ v = R\cdot i_1 + L\cdot\dfrac{di_1}{dt} \\ v = \dfrac{1}{C}\displaystyle\int i_2 dt \end{array}\right\} \tag{2.71}$$

となる。複素交流電圧 V_M および複素交流電流 I_M を用いて書き直すと

2. アナログ回路の基礎

$$\left.\begin{array}{l} I_M = I_{M1} + I_{M2} \\ V_M = (R + j\omega L) \cdot I_{M1} \\ V_M = \dfrac{1}{j\omega C} I_{M2} \end{array}\right\} \quad (2.72)$$

となる．したがって，複素インピーダンス Z_M は

$$Z_M = \frac{V_M}{I_M} = \frac{1}{\left\{\dfrac{1}{(R+j\omega L)} + j\omega C\right\}} = \frac{(R+j\omega L)}{1 + j\omega C \cdot (R+j\omega L)} \quad (2.73)$$

となる．複素インピーダンス Z_M の絶対値 Z は

$$Z = |Z_M| = \frac{\dfrac{L}{C} \cdot \sqrt{1 + \left(\dfrac{R}{\omega L}\right)^2}}{\sqrt{R^2 + \left(\omega L - \dfrac{1}{\omega C}\right)^2}} \quad (2.74)$$

となり，$R \ll \omega L$ のときには

$$Z = |Z_M| = \frac{\dfrac{L}{C}}{\sqrt{R^2 + \left(\omega L - \dfrac{1}{\omega C}\right)^2}} \quad (2.75)$$

となる．すなわち，インピーダンス Z は，共振角周波数 ω_0 が $\omega_0 = 1/\sqrt{LC}$ のときに最大になる．

コンデンサとコイルは周波数によってそのリアクタンスが変化することを説明したが，インダクタンスや容量を変化させて，アナログ信号波の周波数に同調させる回路を同調回路と呼ぶ．

演 習 問 題

【1】 $A = 10\angle 30°$ を複素数で表せ．

【2】 $A = 5\sqrt{2} + j5\sqrt{2}$ を極座標形式で表せ．

【3】 交流電圧 200 V の最大電圧値は何 V か．

【4】 周波数 60 Hz の交流電圧の周期 T はいくらか．

【5】 交流の 50 Hz と 60 Hz の 1 サイクルにおける時間差 t はいくらか．

【6】 最大電圧が 110 V で周波数 50 Hz の交流で，瞬時値が 0 V から 55 V になるまでの時間を求めよ．

【7】 $C=0.1$〔μF〕のコンデンサは，$f=10$〔kHz〕の交流に対して容量リアクタンス X_C はいくらになるか．

【8】 $L=0.5$〔mH〕のコイルは，$f=10$〔MHz〕の交流に対して誘導リアクタンス X_L はいくらになるか．

【9】 図 *2.10* に示した CR 回路において，$C=0.1$〔μF〕，$R=50$〔kΩ〕のとき，遮断周波数 f_1 はいくらになるか．

【10】 $L=0.2$〔mH〕，$C=100$〔pF〕の LC 直列回路の共振周波数 f_0 はいくらになるか．

3

四端子回路の基礎

アナログ回路の代表例は，マイクに入力される音声をスピーカで大きな音にする増幅回路である。アナログ回路は，一般的に，入力側端子に入力された一様な電気信号変化を，波形操作（増幅など）して出力側に出力する四端子回路として扱うことができる。そして，回路の中身はブラックボックスとして，等価回路が適応される。本章では，アナログ回路の基礎である四端子回路と等価回路の考え方について述べる。

3.1 四端子回路の考え方

3.1.1 四端子回路の表現

ブラックボックスとしての四端子回路は，**図 3.1** に示すように，入力側端子①，②の二つと出力側端子③，④の二つの計四つの端子をもつ回路である。端子②と④は，アースとして共用されるのが普通で，以降の回路ではアース記号を省略する。また実際的には，回路を駆動させるためには直流電源が必要

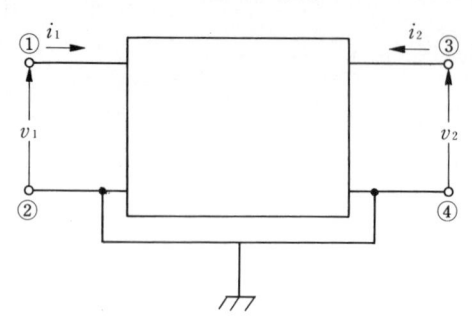

図 3.1 ブラックボックスとしての四端子回路

であるが，図には書き込まれないのが普通である。

入力側（一次側）端子①，②へのアナログ電圧とアナログ電流を v_1, i_1 とし，出力側（二次側）端子③，④のアナログ電圧とアナログ電流を v_2, i_2 とする。ここで注意しなければならないことは，電圧の極性と電流の方向である。アナログ電圧そのものには極性はないが，アナログ電圧やアナログ電流の関係を式で扱う場合には，この極性と方向が図と式で一致していなければならないからである。

図 3.1 に示した出力側の電流 i_2 の方向は，回路へ入る方向で示しているが，逆に回路から出る方向をとる場合もある。この場合は，四端子定数回路として電気回路の計算に使用されている。電子回路では，等価回路を描く関係から，出力側電流は回路へ入る方向の四端子パラメータ回路が用いられている。

3.1.2 アナログ回路の特性

アナログ回路における最も必要な特性は，入力側に入力された電圧，電流ならびに電力が出力側でどれだけ大きくなって取り出されるかについてである。ここでは，増幅回路としての四端子パラメータ回路についての基本的な特性（考え方）について説明する。

図 3.2 は，四端子パラメータ回路に，入力のための電圧信号源および出力を取り出すための負荷を接続した状態を示したものである。

電圧信号源は，信号電圧 v_s と内部抵抗 r_s で構成される。負荷は，スピーカのボイスコイル，抵抗，次段の回路などがあるが，ここでは，抵抗 R_L（負荷

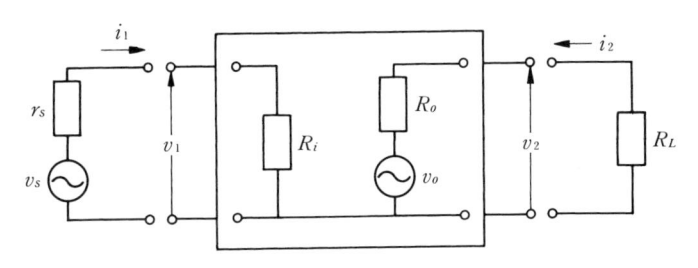

図 3.2 四端子回路への信号源と負荷の接続

抵抗）とする。

〔**1**〕 **入力抵抗と出力抵抗**　　入力側の回路内の抵抗 R_i は，**入力抵抗**（一般的には入力インピーダンス）と呼び

$$R_i = \frac{v_1}{i_1} \tag{3.1}$$

で定義される。また，出力側回路内の抵抗 R_o は，**出力抵抗**（一般的には出力インピーダンス）と呼び

$$R_o = \frac{v_2}{i_2} \tag{3.2}$$

で定義される。

入力側において，信号源の内部抵抗 r_s が無視できない場合の入力端子間電圧 v_1 は

$$v_1 = \frac{R_i}{r_s + R_i} \cdot v_s \tag{3.3}$$

となり，入力電流 i_1 は

$$i_1 = \frac{v_s}{r_s + R_i} \tag{3.4}$$

となる。信号源の内部抵抗 r_s が無視できる場合には，$v_1 = v_s$ となる。

一方，出力側において，入力電圧 v_1 に対する回路の出力側に現れる電圧 v_o の関係は，一般的に

$$v_o = -\mu \cdot v_1 \tag{3.5}$$

で与えられる。ここで，μ は，回路の**電圧増幅定数**（voltage amplification factor）と呼ばれ，回路によって定まる定数である。なお，－（マイナス）の符号は，入力電圧 v_1 と出力電圧 v_o の位相が 180 度（π〔rad〕）異なること，すなわち，入力信号の位相が反転することを意味している。

出力側の内部は，出力抵抗 R_o と出力電圧 v_o との直列回路として表現することができ，出力端子間電圧 v_2 は

$$v_2 = \frac{R_L}{R_o + R_L} \cdot v_o \tag{3.6}$$

となる。出力抵抗 R_o が無視できる場合には，$v_2 = v_o$ である。

以上のことから,入力側では,入力抵抗 R_i は大きいことが望ましく,出力側では,出力抵抗 R_o は小さいことが望ましいことがわかる。

〔2〕 **電圧増幅度と電流増幅度**　電圧増幅度 (voltage amplification ratio) A_v は,入力電圧 v_1 に対する出力電圧 v_2 の比であり

$$A_v = \frac{v_2}{v_1} \text{〔倍〕} \tag{3.7}$$

で定義される。したがって,出力抵抗が R_o で,負荷抵抗が R_L のときには

$$A_v = -\frac{\mu \cdot R_L}{R_o + R_L} \tag{3.8}$$

となる。通常は,絶対値をとって,何倍で呼ばれる。

電圧増幅度は,**電圧利得** (voltage amplification gain)(ゲイン:gain) として**デシベル**〔dB〕で表現される場合がある。電圧利得 A_{vd} は

$$A_{vd} = 20 \cdot \log_{10} |A_v| \text{〔dB〕} \tag{3.9}$$

で定義される。例えば, $|A_v| = 100$ 〔倍〕の電圧利得は

$$A_{vd} = 20 \cdot \log_{10} |100| = 40 \text{〔dB〕}$$

となる。

回路の**電流増幅度** (current amplification ratio) A_i は,入力端子への電流 i_1 に対する出力端子電流 i_2 の比であり

$$A_i = \frac{i_2}{i_1} \text{〔倍〕} \tag{3.10}$$

で定義され,**電流利得** (current amplification gain) A_{id} は

$$A_{id} = 20 \cdot \log_{10} |A_i| \text{〔dB〕} \tag{3.11}$$

で与えられる。

〔3〕 **電力増幅度**　電力増幅度 (power amplification ratio) A_P は,入力端子に供給される電力 p_1〔W〕に対する出力端子からの電力 p_2〔W〕の比であり,次式で定義される。

$$A_P = \frac{p_2}{p_1} = \left| \frac{v_2 \cdot i_2}{v_1 \cdot i_1} \right| = |A_v \cdot A_i| \text{〔倍〕} \tag{3.12}$$

入力抵抗 R_i および出力抵抗 R_o との関係が

$$p_1 = i_1^2 \cdot R_i = \frac{v_1^2}{R_i} \tag{3.13}$$

$$p_2 = i_2^2 \cdot R_o = \frac{v_2^2}{R_o} \tag{3.14}$$

であるから，電力増幅度 A_P は

$$A_P = \left| A_v^2 \cdot \frac{R_i}{R_o} \right| = \left| A_i^2 \cdot \frac{R_o}{R_i} \right| \quad 〔倍〕 \tag{3.15}$$

で求めることができる。また電力利得（power amplification gain） G は

$$G = 10 \cdot \log |A_P| \quad 〔dB〕 \tag{3.16}$$

で定義される。

〔**4**〕 **周波数特性**　　増幅回路で，一般に利得（ゲイン）は，入力信号のある周波数範囲で一定であるが，ある周波数以下および以上では低下する。入力信号の周波数に対して，利得がどのように変化するかを示したのが，**周波数特性**である。

図 **3.3** は，電圧増幅回路の一般的な周波数特性（入力信号の周波数 f に対する電圧利得 A_{vd} の関係）を示したものである。

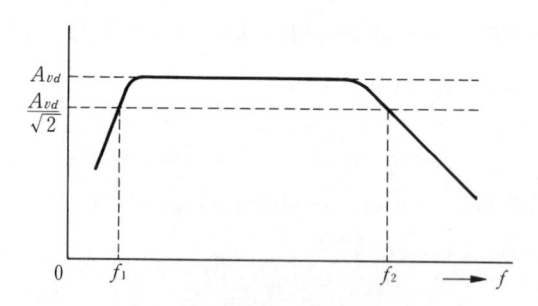

図 **3.3**　電圧増幅回路の周波数特性

電圧増幅度が $1/\sqrt{2}$ になる周波数すなわち電圧利得が 3 dB 低下する周波数 f_1 および f_2 を，それぞれ，**低域遮断周波数**および**高域遮断周波数**と呼ぶ。

また，$f_2 - f_1$ の周波数範囲を**周波数帯域幅**（frequency band width）と呼ぶ。したがって，増幅回路では，入力信号の周波数に対する周波数帯域幅と利得が，大切な要素となる。

3.2 四端子定数回路

3.2.1 基本定義

四端子定数回路は,図 3.4 に示すように,出力側の電流 i_2 を回路から出る方向にとったもので,回路の中身は,A,B,C,D の四つの定数で表現される。

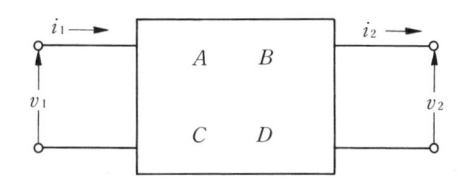

図 3.4 四端子定数回路

入出力の電圧と電流の関係は,次式で定義される。

$$\left. \begin{array}{l} v_1 = A \cdot v_2 + B \cdot i_2 \\ i_1 = C \cdot v_2 + D \cdot i_2 \end{array} \right\} \qquad (3.17)$$

ここで,各定数 A,B,C,D の値と意味は以下のようになる。

$A = \dfrac{v_1}{v_2}$ （$i_2=0$）：出力端開放逆電圧比

$B = \dfrac{v_1}{i_2}$ （$v_2=0$）：出力端短絡伝達インピーダンス

$C = \dfrac{i_1}{v_2}$ （$i_2=0$）：出力端開放伝達アドミタンス

$D = \dfrac{i_1}{i_2}$ （$v_2=0$）：出力端短絡逆電流比

すなわち,定数 A は,$i_2=0$（出力端開放状態）における入出力の電圧比である。通常,入力電圧を基準にした出力電圧の比を電圧比と呼ぶので,この場合は,出力電圧を基準にしているので,逆電圧比となる。

定数 B は,$v_2=0$（出力端短絡状態）における入力電圧を出力電流で割ったもので,インピーダンス（抵抗）になるが入力側と出力側とが絡んでいるの

で，伝達という言葉が使用される。定数 C は，入力電流を出力電圧で割ったものでインピーダンスの逆数，すなわち，アドミタンスになる。定数 D は，出力電流を基準にした入力電流の比であるから逆電流比となる。

このように，四つの定数は，出力端を開放状態か短絡状態にして，入出力の電圧と電流から，外部的に求めることができる。

式（3.17）は，マトリックス表現で書き直すと

$$\begin{bmatrix} v_1 \\ i_1 \end{bmatrix} = \begin{bmatrix} A & B \\ C & D \end{bmatrix} \begin{bmatrix} v_2 \\ i_2 \end{bmatrix} \tag{3.18}$$

となる。ここで

$$[F] = \begin{bmatrix} A & B \\ C & D \end{bmatrix} \tag{3.19}$$

とおき，$[F]$ は，**F マトリックス**と呼ばれる。

3.2.2 入出力インピーダンス

入力インピーダンスは，入力側の内部インピーダンスであり，v_1/i_1 で定義される。式（3.17）から，出力端開放状態，すなわち，$i_2=0$ における出力端開放入力インピーダンス Z_{1f} および出力端短絡状態，すなわち，$v_2=0$ における出力端短絡入力インピーダンス Z_{1s} は，それぞれ

$$\left. \begin{aligned} Z_{1f} &= \frac{A}{C} \quad (i_2=0) \\ Z_{1s} &= \frac{B}{D} \quad (v_2=0) \end{aligned} \right\} \tag{3.20}$$

で与えられる。一方，出力インピーダンスは，出力側から回路を見たインピーダンス，すなわち，出力側の内部インピーダンスであり，$v_2/(-i_2)$ で定義される。電流の方向を反対にしなければならないので，出力側の電流にマイナス符号を付けている。

入力端開放（$i_1=0$）における入力端開放出力インピーダンス Z_{2f} および入

力端短絡（$v_1=0$）における入力端短絡出力インピーダンス Z_{2s} は，それぞれ，式（3.17）から，以下の関係になる．

$$\left. \begin{array}{l} Z_{2s} = \dfrac{B}{A} \quad (v_1=0) \\[6pt] Z_{2f} = \dfrac{D}{C} \quad (i_1=0) \end{array} \right\} \quad (3.21)$$

3.2.3 電圧増幅度と電流増幅度

回路の電圧増幅度 A_v および回路の電流増幅度 A_i は，それぞれ

$$A_v = \frac{v_2}{v_1} = \frac{1}{A} \tag{3.22}$$

$$A_i = \frac{i_2}{i_1} = \frac{1}{D} \tag{3.23}$$

となる．

3.2.4 縦 続 接 続

四端子定数回路では，いくつかの回路（段）を縦続接続するとき，全体としての入出力の関係は，各段の F マトリックスの掛け算により得られる．

図 3.5 は，2 段の F マトリックス回路 $[F_1]$ と $[F_2]$ の縦続接続回路を示したものである．

この縦続接続回路の各段において

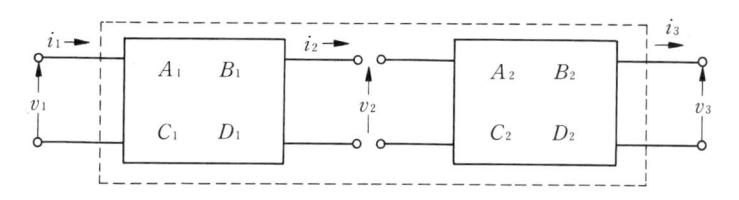

図 3.5 2 段の F マトリックス回路の縦続接続回路

$$\begin{bmatrix} v_1 \\ i_1 \end{bmatrix} = [F_1] \begin{bmatrix} v_2 \\ i_2 \end{bmatrix} = \begin{bmatrix} A_1 & B_1 \\ C_1 & D_1 \end{bmatrix} \begin{bmatrix} v_2 \\ i_2 \end{bmatrix} \tag{3.24}$$

$$\begin{bmatrix} v_2 \\ i_2 \end{bmatrix} = [F_2] \begin{bmatrix} v_3 \\ i_3 \end{bmatrix} = \begin{bmatrix} A_2 & B_2 \\ C_2 & D_2 \end{bmatrix} \begin{bmatrix} v_3 \\ i_3 \end{bmatrix} \tag{3.25}$$

の関係が成立するから

$$\begin{bmatrix} v_1 \\ i_1 \end{bmatrix} = [F_1] \cdot [F_2] \begin{bmatrix} v_3 \\ i_3 \end{bmatrix} \tag{3.26}$$

となる。回路全体の F マトリックスを $[F]$ とすれば

$$\begin{bmatrix} v_1 \\ i_1 \end{bmatrix} = [F] \begin{bmatrix} v_3 \\ i_3 \end{bmatrix} = \begin{bmatrix} A & B \\ C & D \end{bmatrix} \begin{bmatrix} v_3 \\ i_3 \end{bmatrix} \tag{3.27}$$

の関係になるから

$$[F] = [F_1] \cdot [F_2] \tag{3.28}$$

となる。すなわち

$$\begin{bmatrix} A & B \\ C & D \end{bmatrix} = \begin{bmatrix} A_1 & B_1 \\ C_1 & D_1 \end{bmatrix} \cdot \begin{bmatrix} A_2 & B_2 \\ C_2 & D_2 \end{bmatrix} = \begin{bmatrix} A_1 \cdot A_2 + B_1 \cdot C_2 & A_1 \cdot B_2 + B_1 \cdot D_2 \\ C_1 \cdot A_2 + D_1 \cdot C_2 & C_1 \cdot B_2 + D_1 \cdot D_2 \end{bmatrix} \tag{3.29}$$

の関係から，回路全体の四端子定数を求めることができる。

3.3 四端子パラメータ回路

　四端子パラメータ回路は，出力側の電流 i_2 を回路へ入る方向にとったもので，回路の中身は，四つのパラメータで与えられることに変わりはないが，式の定義の仕方により何通りかの表現方法がある。ここでは，トランジスタの等価回路に広く使用されている四端子パラメータ回路について説明する。

3.3.1 Z パラメータ回路

〔1〕 基本回路　図 3.6 は，Z パラメータ基本回路を示したもので，

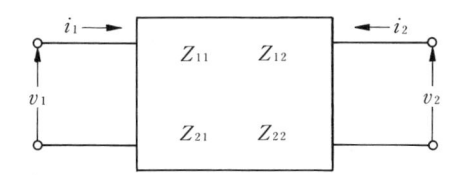

図 3.6 Z パラメータ基本回路

回路の中身は Z_{11}, Z_{12}, Z_{21} および Z_{22} の四つのパラメータで表現される。

Z パラメータの関係式は,次式で定義されている。

$$\left. \begin{array}{l} v_1 = Z_{11} \cdot i_1 + Z_{12} \cdot i_2 \\ v_2 = Z_{21} \cdot i_1 + Z_{22} \cdot i_2 \end{array} \right\} \quad (3.30)$$

各パラメータの値と意味は,以下のようになる。

$Z_{11} = \dfrac{v_1}{i_1}$ ($i_2=0$):出力端開放入力インピーダンス

$Z_{12} = \dfrac{v_1}{i_2}$ ($i_1=0$):入力端開放伝達インピーダンス

$Z_{21} = \dfrac{v_2}{i_1}$ ($i_2=0$):出力端開放伝達インピーダンス

$Z_{22} = \dfrac{v_2}{i_2}$ ($i_1=0$):入力端開放出力インピーダンス

各パラメータは,インピーダンスの次元になっているのが特徴である。

〔2〕 **等 価 回 路** 式 (3.30) において,入力端の電圧 v_1 は,入力電流 i_1 による入力インピーダンス Z_{11} の電圧降下 $Z_{11} \cdot i_1$ と電圧 $Z_{12} \cdot i_2$ の和であること,すなわち,分圧の関係を示している。また,出力端の電圧 v_2 は,同様に,出力電流 i_2 による出力インピーダンス Z_{22} の電圧降下 $Z_{22} \cdot i_2$ と電圧 $Z_{21} \cdot i_1$ の和である。

電圧 $Z_{12} \cdot i_2$ ならびに電圧 $Z_{21} \cdot i_1$ をそれぞれ電圧源(定電圧源と呼ぶ)とおけば,式 (3.30) の関係は,**図 3.7** に示すように図示することができる。これを**等価回路** (equivalent circuit) と呼ぶ。なお,**定電圧源** (constant voltage source) は,内部抵抗が 0 の電圧源を意味する。

このように,等価回路は,式を忠実に図示したものであるから,電流の方向

3. 四端子回路の基礎

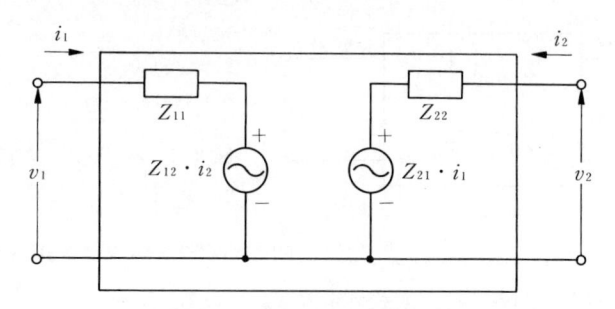

図3.7 Zパラメータ等価回路

と電圧の極性を必ず一致させなければならない。

この等価回路には，二つの定電圧源が含まれているが，一つの定電圧源をもつように変形したT形等価回路が，トランジスタのrパラメータ等価回路に使用されている。

〔3〕 **T形等価回路**　図3.8は，T形等価回路を示したものである。パラメータは，r_1, r_2, r_3およびr_4の四つであるが，一つの定電圧源のみをもち，等価回路の形がT字形になっているのが特徴である。この等価回路より，回路方程式を求める。

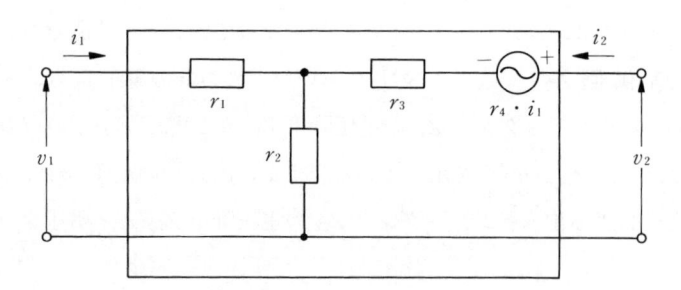

図3.8 T形等価回路

抵抗r_2には，i_1+i_2の電流が流れるので，入力端の電圧v_1は，抵抗r_1とr_2の電圧降下の和であるから

$$v_1 = r_1 \cdot i_1 + r_2 \cdot (i_1+i_2)$$

$$\therefore \quad v_1 = (r_1+r_2) \cdot i_1 + r_2 \cdot i_2 \tag{3.31}$$

である。出力端の電圧 v_2 は，定電圧源の電圧 $r_4 \cdot i_1$ と抵抗 r_2 および抵抗 r_3 の電圧降下との和であるから

$$v_2 = r_4 \cdot i_1 + r_3 \cdot i_2 + r_2 \cdot (i_1 + i_2)$$

$$\therefore \quad v_2 = (r_2 + r_4) \cdot i_1 + (r_2 + r_3) \cdot i_2 \tag{3.32}$$

となる。式 (3.31) と式 (3.32) を式 (3.30) に対応させて，それぞれ

$$\left. \begin{array}{ll} Z_{11} = (r_1 + r_2), & Z_{12} = r_2 \\ Z_{21} = (r_2 + r_4), & Z_{22} = (r_2 + r_3) \end{array} \right\} \tag{3.33}$$

の関係があれば，この T 形等価回路は，Z パラメータ等価回路と同じことになる。この T 形等価回路がトランジスタの r パラメータ等価回路（8 章）として使用されている。

3.3.2 h パラメータ等価回路

〔1〕 **パラメータと関係式** h パラメータ回路は，図 3.9 に示すように，h_{11}, h_{12}, h_{21} および h_{22} の四つのパラメータが使用され，その関係式は，次式で定義されている。

$$v_1 = h_{11} \cdot i_1 + h_{12} \cdot v_2 \tag{3.34}$$

$$i_2 = h_{21} \cdot i_1 + h_{22} \cdot v_2 \tag{3.35}$$

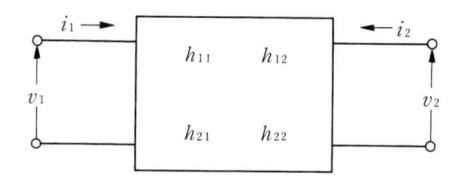

図 3.9 h パラメータ回路

各パラメータの定義と意味は

$h_{11} = \dfrac{v_1}{i_1}$ （$v_2 = 0$）：出力端短絡入力インピーダンス

$h_{12} = \dfrac{v_1}{v_2}$ （$i_1 = 0$）：入力端開放逆電圧比

$h_{21} = \dfrac{i_2}{i_1}$ （$v_2 = 0$）：出力端短絡電流増幅率

$h_{22} = \dfrac{i_2}{v_2}$ ($i_1 = 0$)：入力端開放出力アドミタンス

である。各パラメータは，電子回路に直接必要なパラメータに対応しているのが特徴であり，接合形トランジスタに広く適応されている。

〔2〕 **等価回路**　　式 (3.34) の入力端の電圧 v_1 は，入力電流 i_1 による入力インピーダンス（トランジスタ回路では入力抵抗と呼ぶことが多い） h_{11} の電圧降下と定電圧源 $h_{12} \cdot v_2$ の和である。すなわち，分圧の和である。

式 (3.35) の出力電流 i_2 は，定電流源 $h_{21} \cdot i_1$ と出力端電圧 v_2 による出力アドミタンス h_{22} を流れる電流の和である。すなわち，分流の和である。

等価回路は，図 **3.10** に示すように描ける。ここで，**定電流源**（constant current source）は，内部抵抗が無限大の電流源を意味する。

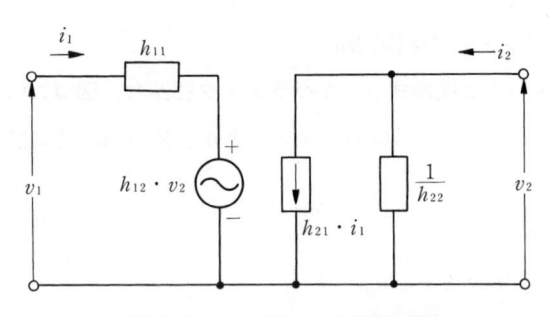

図 **3.10**　h パラメータ等価回路

3.3.3　g パラメータ等価回路

〔1〕 **パラメータと関係式**　　g パラメータ回路は，図 **3.11** に示すように，g_{11}，g_{12}，g_{21} および g_{22} の四つのパラメータが使用され，その関係式は，

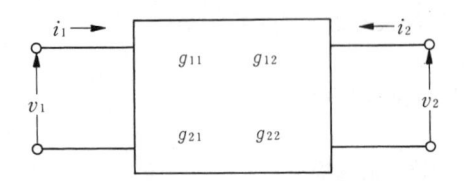

図 **3.11**　g パラメータ回路

次式で定義されている。

$$i_1 = g_{11} \cdot v_1 + g_{12} \cdot i_2 \qquad (3.36)$$

$$v_2 = g_{21} \cdot v_1 + g_{22} \cdot i_2 \qquad (3.37)$$

各パラメータの定義と意味は

$g_{11} = \dfrac{i_1}{v_1}$ $(i_2=0)$：出力端開放入力アドミタンス

$g_{12} = \dfrac{i_1}{i_2}$ $(v_1=0)$：入力端短絡逆電流比

$g_{21} = \dfrac{v_2}{v_1}$ $(i_2=0)$：出力端開放電圧比

━━ コーヒーブレイク ━━

ゆらぎの話

　川のせせらぎの音，潮騒，鳥のさえずり，そよ風など，自然界にはさまざまなゆらぎがある。そして，心地よい気分になったり，気分が落ち着いたり，とにかく安らぎを与えてくれるといわれている。これらのゆらぎは，$1/f$ ゆらぎと呼ばれている。自然界には，音のゆらぎ，光のゆらぎ，風のゆらぎ，色のゆらぎなど，複雑にからみ合って，人々に安らぎを与えてくれるといわれている。

　それなら，このような安らぎを与えてくれる $1/f$ ゆらぎを人工的（電子的）に作り，家のなかの機器に応用すれば，少しでも快適な生活シーンを構築することができるのではないかと考えた。

　そこで，照明に $1/f$ ゆらぎをもたせれば，よりくつろいだ雰囲気を演出できるのではないかと考えた。まず，テーブルのろうそくの明かりを調べてみると，明るさの変化ならびに炎の動きが $1/f$ ゆらぎになっていることがわかった。つぎに，$1/f$ ゆらぎ信号の生成をどうするかで，パソコンの乱数を利用して $1/f$ ゆらぎ信号の生成を試みた。この信号を利用して，交流 100 V の電球への供給電力の制御を行い，光の変化が $1/f$ ゆらぎになっていることを確かめた。

　計測してみると，確かに「$1/f$ ゆらぎ照明」になっているが，実際には調整をうまくしないと「いらつき照明」になることもわかった。人間の感覚は計測値では説明できない部分があるらしいと感じた。

　空調機器では，とにかく設定温度を保つような制御が行われているが，ここに温度にこのゆらぎを導入すれば，より快適な生活環境が構築できるのではないかと考え挑戦しているところである。

$g_{22} = \dfrac{v_2}{i_2}$ （$v_1=0$）：入力短絡出力インピーダンス

である。各パラメータは，電子回路に直接必要なパラメータに対応しているのが特徴であり，電界効果形トランジスタの等価回路として用いられている。

〔2〕**等価回路** 式 (3.36) の入力端の電流 i_1 は，入力端電圧 v_1 による入力アドミタンス g_{11} の電流と定電流源 $g_{12} \cdot i_2$ の和（分流の関係）である。また，式 (3.37) の出力端電圧 v_2 は，定電圧源 $g_{21} \cdot v_1$ と出力端電流 i_2 による出力インピーダンス g_{22} の電圧降下の和（分圧の関係）である。したがって，等価回路は，図 **3.12** に示すように描ける。

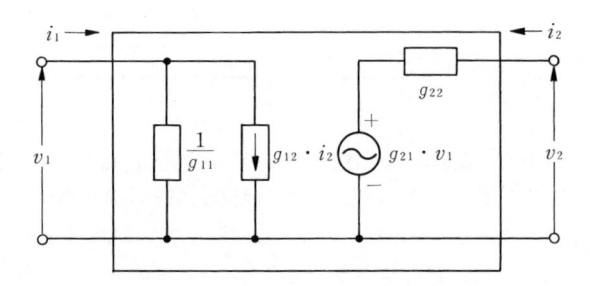

図 **3.12** g パラメータ等価回路

演 習 問 題

【1】 問図 **3.1** に示す抵抗回路の F マトリックスをそれぞれ求めよ。

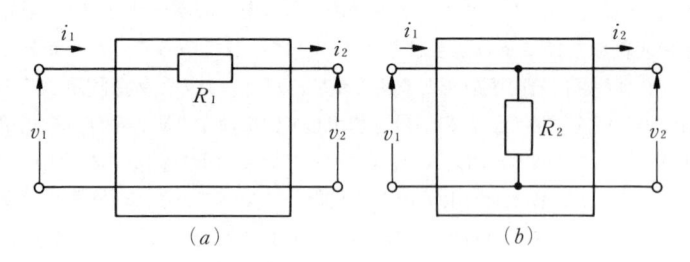

問図 **3.1** 抵 抗 回 路

【2】 電圧増幅度が $1/\sqrt{2}$ になるとき，電圧利得は 3 dB 低下することを計算により示せ。

【3】 Z パラメータ回路を四端子定数回路に変形するとき，F マトリックスを求めよ。

【4】 h パラメータの h_{11}, h_{12}, h_{21} および h_{22} が与えられるとき，Z パラメータ Z_{11}, Z_{12}, Z_{21} および Z_{22} を h パラメータで表せ。

【5】 T 形の各 Z パラメータを h パラメータ h_{11}, h_{12}, h_{21} および h_{22} により表せ。

4

ディジタル回路の基礎

　本章では，ディジタル信号の基礎である，ステップ電圧と方形波電圧について説明し，抵抗とコンデンサの組合せ回路のステップ電圧ならびにパルス電圧に対する応答について解説する。

4.1 ディジタル信号波

　ディジタル信号は，時間に対して非連続的に変化する電圧や電流の波であり，一般的にパルス波と呼ばれている。その基本はステップ電圧であり，方形波がディジタル回路で広く使用されている。ここでは，ステップ電圧と方形波電圧の基本的な性質と扱い方について述べる。

4.1.1 ステップ電圧

　ステップ電圧（step voltage）v は，図 *4.1* に示すスイッチ回路において，時間 $t=0$ において，スイッチがオフ状態からオン状態になったときの抵抗 R の両端の電圧であり，図 *4.2* に示すような波形である。すなわち，ステップ

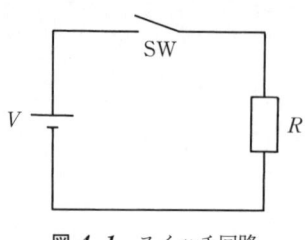

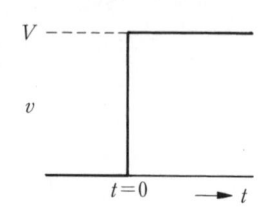

図 *4.1*　スイッチ回路　　　　図 *4.2*　ステップ電圧波形

電圧は，$t \leq 0_-$ で $v=0$，$t \geq 0_+$ で $v=V$ となる電圧波形である．

4.1.2 方 形 波

方形波（square wave）は，**図 4.3** に示すように，ディジタル信号として扱われる最も基本的なパルス波形である．

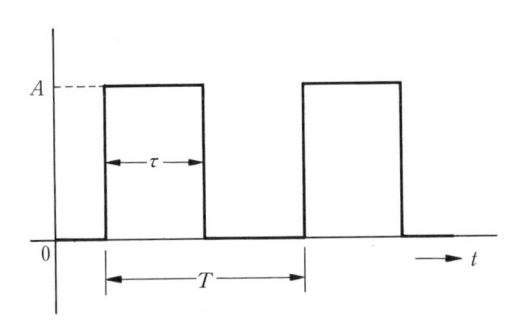

図 4.3 方 形 波

方形波の各部分は，以下のように定義されている．

　　　A：パルス振幅（pulse amplitude）

　　　τ：パルス幅（pulse width）

　　　T：パルス繰返し周期（pulse repetition rate）

　　　τ/T：デューティファクタ（duty factor）

パルス周波数 f と**パルス繰返し周期** T の関係は

$$f = \frac{1}{T} \quad \text{[Hz]} \tag{4.1}$$

で与えられる．

　方形波パルス電圧は，電圧が高いか低いかの二つの状態を時間的変化とともに，電気的に表現したものである．電圧レベルは，数学的な 2 値（2 進数）に対応させてディジタル信号処理に，また，電圧レベルの変化する時刻は，ディジタル回路を動作させるタイミング（同期）に利用されている．

　パルス幅 $\tau = t_p$ の方形波パルス電圧は，**図 4.4** に示すように，$t=0$ で $+V$ なるステップ電圧と $t = t_p$ で $-V$ なるステップ電圧の合成によって得られる．

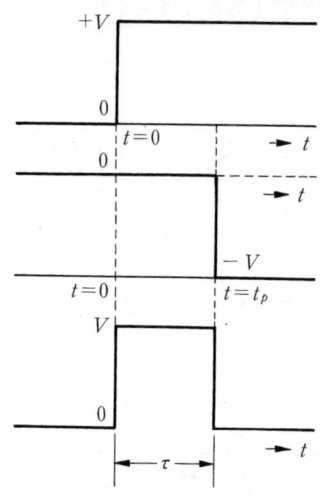

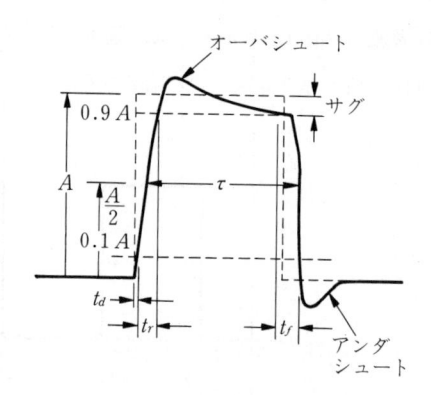

図 4.4 方形波パルス電圧の
ステップ電圧による合成

図 4.5 実際の鈍った方形波

電子回路で使用される実際の方形波パルス電圧は，図 4.5 に示すように，理想的な方形波からずれた鈍った波形で，各部分には名称が付けられている。

オーバシュート（overshoot）および**アンダシュート**（undershoot）は，**立上り**（leading edge）および**立下り**（falling edge）のはねだし部分であり，**サグ**（sag）は肩落ちを意味する。パルス幅 τ は，振幅の 50% における半値幅で表される。

パルスの立上りが，0% から 10% に達するまでの時間 t_d を**遅れ時間**（delay time）といい，10% から 90% に上昇する時間 t_r を**立上り時間**（rise time）という。そして 0% から 90% に達するまでの時間 ($t_d + t_r$) をターンオン時間または**スイッチング時間**と呼ぶ。また，立下りで，90% から 10% に下降する時間 t_f を**立下り時間**（fall time）と呼ぶ。

これらの時間は，回路の応答速度や周波数特性に深く関係している。

4.2 CR回路の応答

4.2.1 ステップ電圧応答

〔**1**〕 **CR回路の解析法**　図 4.6 は，CR 回路に，直流電源 V からスイッチ SW により，ステップ電圧 V を印加させる状態を示したものである。

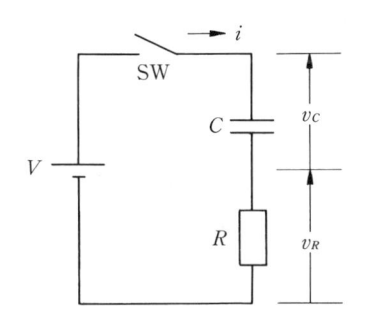

図 4.6 CR 回路

コンデンサの端子間電圧を v_C，抵抗の端子電圧を v_R とし，$t=0$ でステップ電圧 V が印加され，回路を流れる電流を i とする。ただし，コンデンサの初期電荷は 0 とする。分圧の関係より，次式が得られる。

$$v_C + v_R = V \tag{4.2}$$

抵抗の端子電圧 v_R は，回路電流を i とすると，オームの法則から

$$v_R = i \cdot R \tag{4.3}$$

の関係があり，コンデンサの電荷を q とすると，式 (2.27) と式 (2.28) に示したように

$$i = \frac{dq}{dt} = C \cdot \frac{dv_C}{dt} \tag{4.4}$$

の関係がある。したがって，コンデンサの端子間電圧 v_C に関して

$$CR \cdot \frac{dv_C}{dt} + v_C = V \tag{4.5}$$

なる微分方程式が導かれる。コンデンサの初期電荷を 0 とすると

$$v_C = V \cdot (1 - e^{-\frac{t}{CR}}) \tag{4.6}$$

となる（付録I参照）。抵抗の電圧 v_R は，$v_R = V - v_C$ の関係より

$$v_R = V \cdot e^{-\frac{t}{CR}} \tag{4.7}$$

と求められる。

以上のように，微分方程式による解析が一般的であるが，ここでは，簡単な公式を用いた解析方法を紹介する。

時定数（time constant）が τ である CR 回路のステップ電圧 V に対する応答出力電圧 v_o は，基本的に

$$v_o = B_1 + B_2 \cdot e^{-\frac{t}{\tau}} \tag{4.8}$$

の関係から計算できる。ここで，定数 B_1 および B_2 は，$t=0$ のときの出力電圧，すなわち出力電圧の初期値（initial value），$v_o(t=0) = V_i$ および，$t=\infty$ のときの出力電圧，すなわち出力電圧の最終値（final value），$v_o(t=\infty) = V_f$ から求めることができ

$$B_1 = V_f, \quad B_2 = (V_i - V_f) \tag{4.9}$$

となる。したがって，CR 回路のステップ電圧 V に対する応答出力電圧 v_o は

$$v_o = V_f + (V_i - V_f) \cdot e^{-\frac{t}{\tau}} \tag{4.10}$$

を公式としてとらえれば，微分方程式を解かなくても簡単に計算することができる。

なお，出力電圧の初期値 V_i および最終値 V_f は，コンデンサのもつ

① 瞬時的には端子間電圧は変化しない。

② 直流分をカットする。

という性質から簡単に求められる。

〔2〕 **CR 微分回路**　図 4.7 は，ステップ電圧に対する微分回路を示したものである。

コンデンサの性質から

① $t=0$ のとき，C の端子間電圧は瞬時的には変化しないから，$V_i = V$ である。

② $t=\infty$ のとき，C は直流分をカットするから，$V_f = 0$ である。

4.2 CR回路の応答

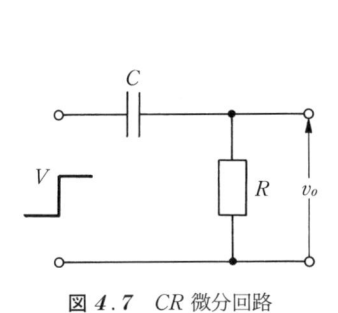

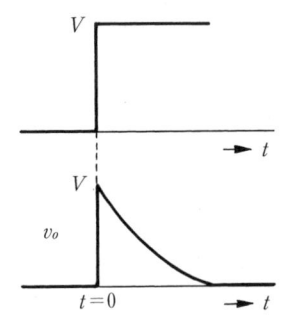

図4.7 CR微分回路

図4.8 微分波形

したがって，出力電圧 v_o は，式 (4.10) より，容易に

$$v_o = V \cdot e^{-\frac{t}{\tau}} \tag{4.11}$$

と求められる。ただし，時定数 τ は，$\tau = CR$ である。

図4.8 は，ステップ電圧入力による出力電圧（抵抗の電圧）v_R を示したもので，一般的に，**微分波形**と呼ばれる。

〔3〕 **CR積分回路**　　**図4.9** は，ステップ電圧に対する積分回路を示したものである。

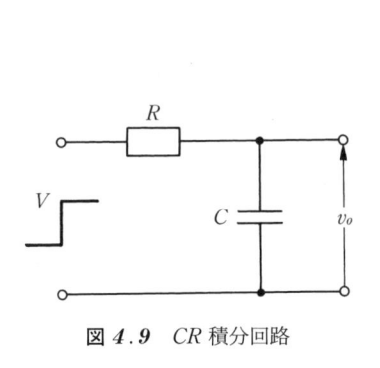

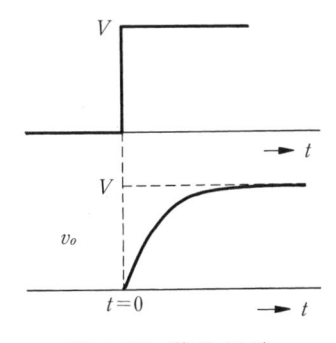

図4.9 CR積分回路

図4.10 積分回路

コンデンサの性質から

① $t=0$ のとき，C の端子間電圧は瞬時的には変化しないから，$V_i=0$ である．

② $t=\infty$ のとき，C は直流分をカットするから，$V_f=V$ である．

したがって，出力電圧 v_o は，式（4.10）より，簡単に

$$v_o = V \cdot (1 - e^{-\frac{t}{\tau}}) \tag{4.12}$$

と求められる．ただし，時定数 τ は，$\tau=CR$ である．

図 **4.10** は，この応答波形を示したもので，一般的に，**積分波形**と呼ばれる．この関係は，式（4.5）において

$$CR \cdot \frac{dv_C}{dt} \gg v_C \tag{4.13}$$

であれば

$$CR \cdot \frac{dv_C}{dt} = V \tag{4.14}$$

となるから，出力電圧（コンデンサの端子間電圧）は

$$v_C = \frac{1}{CR} \cdot \int V \cdot dt \tag{4.15}$$

となり，電圧 V（ステップ電圧）の積分形になっていることからもわかる．

積分回路では，立上り時間が計算できる．立上り時間 t_r は，V の値が 10% から 90%，すなわち，0.1 から 0.9 になるまでの時間である．式（4.12）から，時間 t を求めると

$$t = \tau \cdot \ln\left(1 - \frac{v_o}{V}\right) \tag{4.16}$$

となる（付録Ⅲ参照）．したがって，立上り時間 t_r は

$$t_r = \tau \cdot [\ln 0.9 - \ln 0.1] = 2.2 \cdot \tau \quad [\text{s}] \tag{4.17}$$

となる．一方，遮断周波数 f は，式（2.50）と式（2.58）より

$$f = \frac{1}{2\pi \cdot CR} \tag{4.18}$$

であり，時定数 τ は，$\tau=CR$ であるから，立上り時間 t_r と遮断周波数 f の間

には

$$t_r \cdot f = 0.35 \tag{4.19}$$

の関係が成立する。すなわち，CR 積分回路の重要な性質として，「立上り時間と遮断周波数の積は，一定（0.35）になる」ことが知られている。

4.2.2 パルス応答

パルス電圧は，ステップ電圧の合成である。パルス幅 t_p のパルス電圧は，$t=0$ で $+V$ のステップ電圧と $t=t_p$ で $-V$ のステップ電圧を合成（加算）したものである。したがって，CR 回路のパルス電圧に対する応答は，基本的にステップ電圧に対する応答と同様の考え方で求めることができる。

〔1〕 **CR 微分回路**　図 4.11 は，パルス電圧に対する微分回路を示したものである。

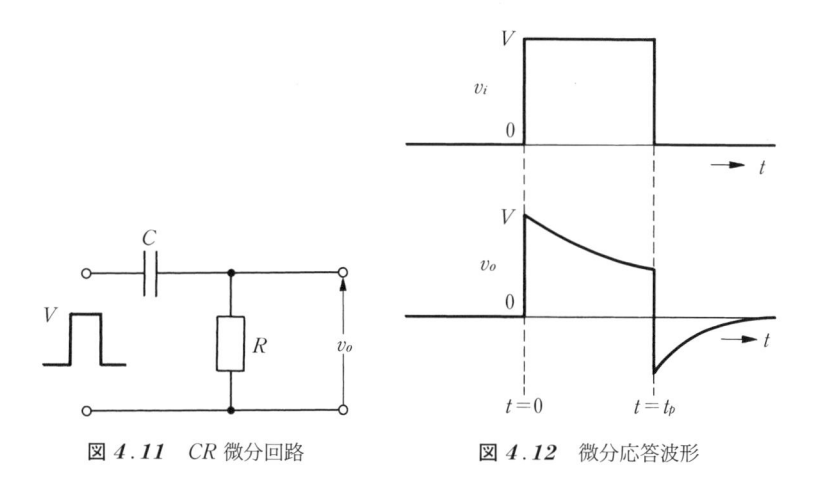

図 4.11　CR 微分回路　　　　図 4.12　微分応答波形

$t=0$ でステップ電圧 $+V$ に対する出力電圧 v_1 は，式（4.11）と同じであり，次式で与えられる。

$$v_1 = V \cdot e^{-\frac{t}{\tau}} \tag{4.20}$$

ただし，時定数 τ は $\tau = CR$ である。$t = t_p$ 後のステップ電圧 $-V$ に対する

出力電圧 v_2 は

$$v_2 = -V \cdot e^{-\frac{t-t_p}{\tau}} \tag{4.21}$$

となる。したがって，パルス電圧に対する出力電圧 v_o は

$$0 \leq t \leq t_p \; ; \; v_o = V \cdot e^{-\frac{t}{\tau}}$$

$$t \geq t_p \quad\quad ; \; v_o = V \cdot \{e^{-\frac{t}{\tau}} - e^{-\frac{t-t_p}{\tau}}\} \tag{4.22}$$

となる。図 4.12 は，パルス電圧に対する微分応答波形を示したものである。

〔2〕 **CR 積分回路**　　図 4.13 は，パルス電圧に対する積分回路を示したものである。

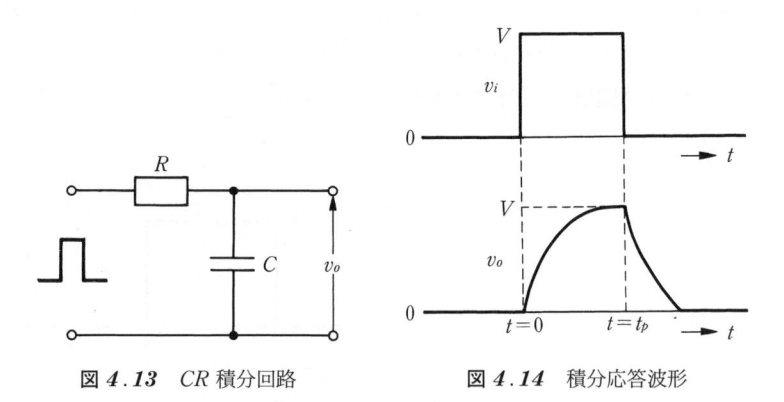

図 4.13　CR 積分回路　　　　**図 4.14**　積分応答波形

$t=0$ でステップ電圧 $+V$ に対する出力電圧 v_1 は，式 (4.12) と同じで

$$v_1 = V \cdot (1 - e^{-\frac{t}{\tau}}) \tag{4.23}$$

である。ただし，時定数 τ は，$\tau = CR$ である。$t=t_p$ 後のステップ電圧 $-V$ に対する出力電圧 v_2 は

$$v_2 = -V \cdot (1 - e^{-\frac{t-t_p}{\tau}}) \tag{4.24}$$

となる。したがって，パルス電圧に対する出力電圧 v_o は

$$0 \leq t \leq t_p \; ; \; v_o = V \cdot (1 - e^{-\frac{t}{\tau}})$$

$$t \geq t_p \quad\quad ; \; v_o = -V \cdot \{e^{-\frac{t}{\tau}} - e^{-\frac{t-t_p}{\tau}}\} \tag{4.25}$$

となる。図 4.14 は，パルス電圧に対する積分応答波形を示したものである。

演 習 問 題

【1】 パソコンのクロック周波数が 50 MHz であるとき,クロックパルスの周期 T〔ms〕はいくらか。

【2】 周期 T が 1 μs の方形波パルスの繰返し周波数 f は何 MHz か。

【3】 式 (4.5) から式 (4.6) を計算せよ。

【4】 $C=0.5$〔μF〕,$R=2$〔kΩ〕の CR 積分回路の立上り時間 t_r を求めよ。

【5】 時定数 τ の CR 積分回路において,立上り時間がパルス振幅の 1/2 に達する時間 t を求めよ。

5

論理回路の基礎

ディジタル回路の考え方の基礎はブール代数と論理ゲートである。本章では，これらの基本的なことを解説し，ディジタル信号処理の基礎である論理設計法およびディジタル記憶の基礎であるフリップフロップについて説明する。

5.1 ブール代数

5.1.1 ブール代数の定義

ブール代数（Boolean algebra）は，二つの状態を対象にした論理判断を行う代数であり，**論理代数**（logical algebra）とも呼ばれている。電気的な状態判断は，電流が流れるか流れないか，電圧が高いか低いか，など二つの状態のどちらになるかで行われる。このような2値の状態は，数学的には，2進数の"1"か"0"に対応させることができる（付録IV 参照）。

ブール代数の基本定義は，AND（アンド：論理積），OR（オア：論理和）および NOT（ノット：論理否定）の三つである。**表 5.1** は，ブール代数の基本定義をまとめて示したものである。

ブール代数を電子的に処理する回路が，**論理ゲート**（logic gate）である。論理ゲートでは，電圧が高い（H レベル）か低い（L レベル）かで処理されるが，2進数では，一般的に，H レベル電圧を"1"に，L レベル電圧を"0"に対応させている。

論理ゲートの入力と出力の関係を，表にしたものが**ファンクションテーブル**

5.1 ブール代数

表5.1 ブール代数の基本定義

	AND（論理積）	OR（論理和）	NOT（論理否定）
ゲート記号	$A, B \to X$	$A, B \to X$	$A \to X$
ファンクションテーブル	$A\ B\ \|\ X$ $L\ L\ \|\ L$ $L\ H\ \|\ L$ $H\ L\ \|\ L$ $H\ H\ \|\ H$	$A\ B\ \|\ X$ $L\ L\ \|\ L$ $L\ H\ \|\ H$ $H\ L\ \|\ H$ $H\ H\ \|\ H$	$A\ \|\ X$ $L\ \|\ H$ $H\ \|\ L$
論理式	$X = A \cdot B$	$X = A + B$	$X = \overline{A}$
論理演算記号	・, ∧	＋, ∨	‾（バー）, '（ドット）

(function table)（H, L で表現）もしくは**真理値表**（truth table）（1, 0 で表現）であり，論理入力に対する倫理出力の関係を代数式に表現したものが**論理式**（logical expression）である。A, B は論理入力で，X は論理出力で，"H" か "L" のいずれかしかとらない。

AND は，論理入力の A と B がともに "H" のときにのみ，論理出力 X が "H" になる関係であり，OR は，A と B がともに "L" のときにのみ，論理出力 X が "L" になる。また，NOT は，論理入力を反転する関係である。

5.1.2 実際的論理ゲート

実際的な論理ゲートとしては，NAND（ナンド），NOR（ノア）および XOR（エクスクルージブオア：Exclusive OR）が広く利用されている。

表5.2 は，これらの論理ゲートの記号，ファンクションテーブルならびに論理式を示したものである。

NAND は AND 出力を NOT したものであり，NOR は OR 出力を NOT したものである。ゲート記号の ○ 印は NOT（否定）を意味する。XOR は，排他的論理和とも呼ばれ，入力が一致するとき，出力は "L" になり，入力が一

表 5.2　実際的な論理ゲートの定義

ゲート記号	NAND	NOR	XOR
ゲート記号	A,B → X	A,B → X	A,B → X
ファンクションテーブル	A B | X L L | H L H | H H L | H H H | L	A B | X L L | H L H | L H L | L H H | L	A B | X L L | L L H | H H L | H H H | L
論理式	$X=\overline{A \cdot B}$	$X=\overline{A+B}$	$X=A \oplus B$

致しないとき，出力が"H"になる論理処理を行う。

ここで，XOR の論理を AND, OR および NOT の論理ゲートでの表現を試みる。

ファンクションテーブルから論理式を求める方法は

① 出力が"H"の論理入力の論理積項を求める。

② 論理式は論理積項の論理和になる。

③ 必要なら論理式を簡単化する。

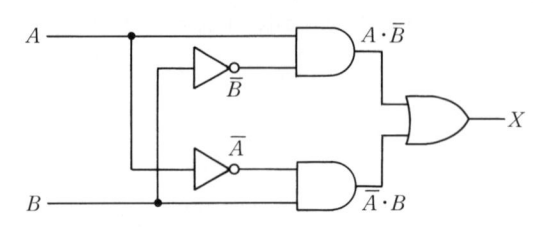

の手順により行われる。

①より，出力が"H"に着目し，$\overline{A} \cdot B$ と $A \cdot \overline{B}$ の二つの項が求められる。すなわち，入力が"L"の論理変数は否定の形にした論理積項である。

②より，論理出力 X は，③の簡単化は関係なく，式（5.1）のようになる。

図 5.1　XOR 論理の基本ゲートによる表現

$$X = \overline{A} \cdot B + A \cdot \overline{B} \qquad (5.1)$$

論理式（5.1）を基本ゲートを用いて図示したものが，**図5.1**である。

5.2 NANDゲート

論理式は，AND，OR および NOT の各論理ゲートを組み合わせて，回路的に実現することができるが，1種類の論理ゲートのみで構成できれば，ゲートの配置や配線などでレイアウトが容易になる。**NANDゲート**および**NORゲート**は，与えられた論理関係を単一ゲートのみで構成することができる。ここでは，広く採用されている NAND ゲートのみによる論理回路構成法について説明する。

5.2.1 NANDゲートの機能

AND，OR および NOT の各論理機能は，NAND ゲートのみで実現できる。ブール代数に，**ド・モルガンの定理**（De Morgan's theorem）があり，OR 形を AND 形に，または AND 形を OR 形に，NOT を使用するけれども，それぞれ変形できる関係を示した定理である。すなわち，論理変数 A と B に対し

$$A + B = \overline{\overline{A} \cdot \overline{B}} \qquad (5.2)$$
$$A \cdot B = \overline{\overline{A} + \overline{B}} \qquad (5.3)$$

の関係が成立する。これらの証明は，論理変数 A，B の "H" と "L" の組合せに対し，左辺と右辺の論理値が一致することを示すことにより行える。

表5.3は，NAND による NOT，AND および OR の構成を示したものである。

NOT の機能は，NAND の二つの入力端を一つに接続することにより構成できる。すなわち，**表5.2**の NAND のファンクションテーブルで，A，B がともに "L" のとき出力 X は "H" であり，A，B がともに "H" のとき出力 X は "L" であることから，明らかである。

表5.3　NANDによるNOT，ANDおよびORの構成

		NANDゲートによる表現
NOT	$A \to \overline{A}$	$A \to \overline{A}$　　$X=\overline{A}$
AND	$A, B \to X$	$X = \overline{\overline{A \cdot B}}$
OR	$A, B \to X$	$X = \overline{\overline{A} \cdot \overline{B}}$

　ANDの機能はNANDを否定することに求められる。ORの機能は，式(5.2)の関係そのものである。

5.2.2　NANDゲートによる論理設計

　与えられた論理式をNAND形式に変換するためのルールは，「OR形式の項にド・モルガンの定理の式（5.2）を適応して，AND形式に変換すること」である。

　すなわち，OR形式のAND形式への変換は，以下の手順で行う。
① OR形式の各項全体にバーを付ける。
② ORの論理記号をANDの論理記号に変える。
③ 論理式全体にバーを付ける。

〔1〕 **XOR論理のNANDゲート表現**　　XORの論理式，すなわち，式(5.1)は，以下のようにしてNAND形式に変換できる。

①より，$\overline{A} \cdot B$ と $A \cdot \overline{B}$ の各項を，$\overline{\overline{A} \cdot B}$ と $\overline{A \cdot \overline{B}}$ にする。
②より，$\overline{\overline{A} \cdot B} \cdot \overline{A \cdot \overline{B}}$ にする。
③より，式全体にバーを付ければ

5.2 NAND ゲート

$$X = \overline{\overline{\overline{A \cdot B}} \cdot \overline{\overline{A \cdot \overline{B}}}} \tag{5.4}$$

となる。図 5.2 は，XOR を，オール NAND ゲート表現したものである。

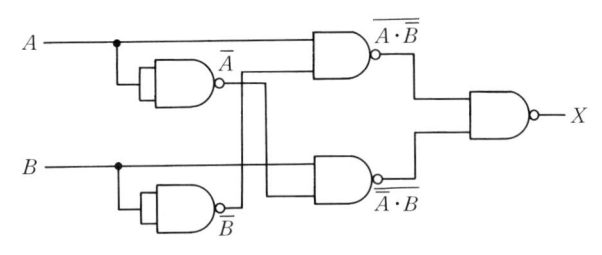

図 5.2 XOR のオール NAND ゲート表現

〔2〕 一致回路の論理設計　2 入力論理の一致回路は，**表 5.4** のファンクションテーブルに示すように，入力 A, B への論理入力値が同じ場合に，出力 X に "H" を出力する回路である。

表 5.4　2 入力一致回路のファンクションテーブル

A	B	X
L	L	H
L	H	L
H	L	L
H	H	H

ファンクションテーブルからの論理式は，前述の手順により求める。

①より，出力が "H" の論理入力の論理積項は，$\overline{A} \cdot \overline{B}$ と $A \cdot B$ が得られる。

②より，論理式は論理積項の論理和であるから

$$X = \overline{A} \cdot \overline{B} + A \cdot B \tag{5.5}$$

が得られる。なお，③の簡単化は不要である。

式 (5.5) の NAND 形式への変換は，前述の順序で行う。

①より，OR 形式の各項を，$\overline{\overline{A} \cdot \overline{B}}$，$\overline{A \cdot B}$ にする。

②より，AND の論理記号を付け，$\overline{\overline{A} \cdot \overline{B}} \cdot \overline{A \cdot B}$ にする。

③で全体にバーを付けて，求める論理式は

$$X = \overline{\overline{\overline{A} \cdot \overline{B}} \cdot \overline{A \cdot B}} \tag{5.6}$$

となる．**図 5.3** は，式 (5.6) を図示した一致回路のオール NAND ゲート表現を示したものである．

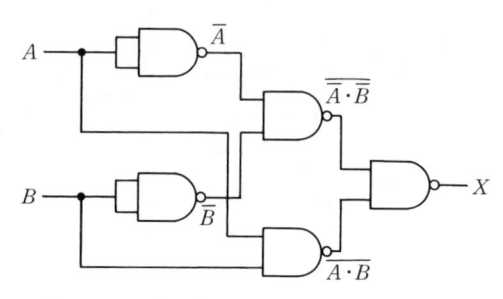

図 5.3　一致回路のオール NAND ゲート表現

5.3　フリップフロップ

5.3.1　動作原理と機能

これまで述べた論理ゲートのみによる回路は，現時点での入力状態によって出力状態が決まる．このような論理回路は，**組合せ論理回路**（combinational logic circuit）と呼ばれる．一方，過去の入力状態と現時点での入力状態とによる時間的順序によって，現時点での出力状態が決定される論理回路を**順序回路**（sequential logic circuit）という．

順序回路は，組合せ論理回路と記憶要素により構成される．この記憶要素に**フリップフロップ**（FF：flip-flop）が使用される．

FF は，基本的に，入力側に二つの論理入力端子と制御入力端子（クロック端子）をもち，出力側には，二つの論理出力端子をもつ．二つの論理出力端子は，一方が "H" なら他方は必ず "L" になる機能をもつ．

FF の大きな特徴は，クロックに同期して二つの論理入力端子の論理入力状態により出力が決定され，つぎのクロックまで出力状態が保持される機能，すなわち，記憶機能をもつことである．

FF は，**図 5.4** に示すように，NAND ゲートにより構成される．記憶機能

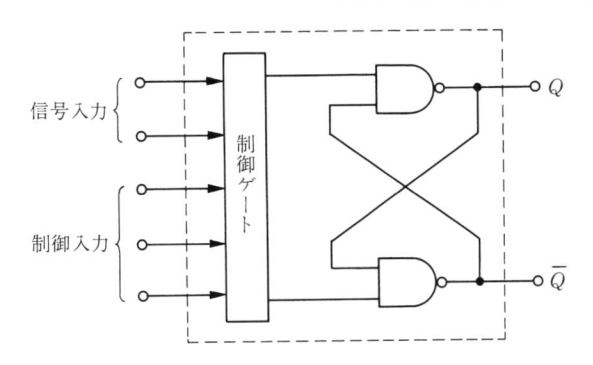

図 5.4　フリップフロップの原理回路

(状態保持機能) は，たすきがけした NAND ゲートの帰還 (フィードバック) による。制御入力には，クロック (CK) のほか，クリア (CLR)，プリセット (PR) などの端子を備えたものもある。

図 5.5 は，NAND ゲートを四つ使用したフリップフロップの基本回路

(a)　回路構成

(b)　回路記号とファンクションテーブル　　(c)　タイムチャート

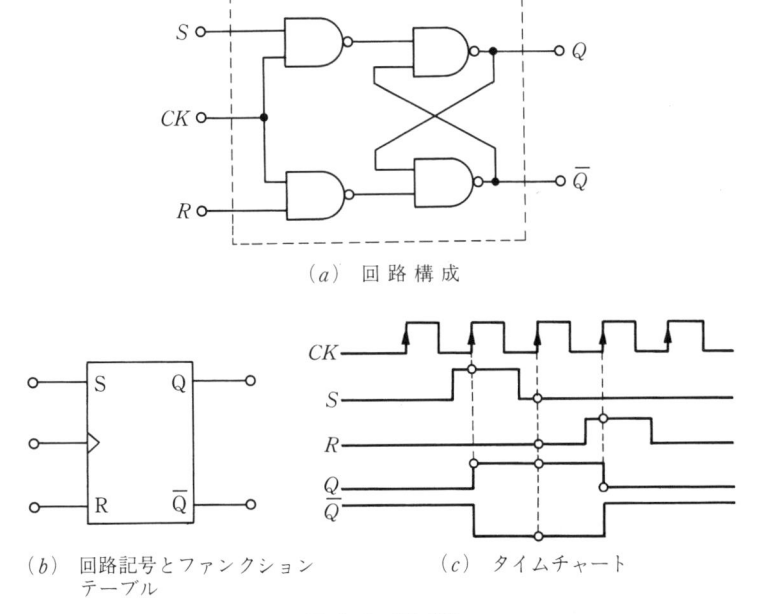

図 5.5　RS-FF

(RS-FF) について，回路構成，回路記号とファンクションテーブルならびにタイムチャート (time chart) をまとめて示したものである。

RS-FF は，入力側に，論理入力として S (セット) と R (リセット) の入力端子ならびに制御入力として CK (クロック) 端子をもち，出力側に Q および $\overline{Q}$ の端子をもつ。動作は，タイムチャートに示すように，クロックの立上り (アップエッジ) に同期して行われる。

S 入力が "H" のとき，アップエッジで出力 Q は "H" にセットされる。S 入力が "L" に戻っても，出力 Q の状態は "H" に保持される。$\overline{Q}$ 出力端子には，出力 Q の反転状態が出力される。

R 入力が "H" のとき，アップエッジで出力 Q は "L" にリセットされる。R 入力が "L" に戻っても，出力 Q の状態は保持される。

しかし，S と R の入力はともに "H" のとき，CK の "H" で，NAND ゲート $N1$ と $N2$ の出力がともに "L" となり，出力 Q と $\overline{Q}$ が同時に "H" になる可能性がある。このため，RS-FF では，S と R がともに "H" の入力は禁止されている。

FF のクロックパルスに対する動作のタイミング (同期) には，エッジ動作とレベル動作があり，**同期記号**とタイミングは，**図 5.6** に示すようになる。

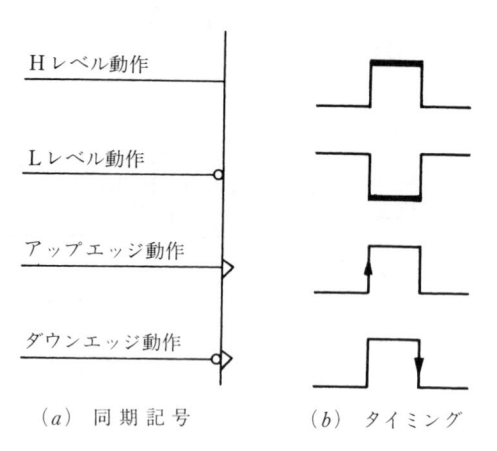

図 5.6 同期記号とタイミング

5.3.2 JKフリップフロップ

前述の RS-FF では，R と S の入力が同時に"H"の状態は禁止されていたが，**JK-FF** は，この制約を克服したもので，広く利用されている。

図 5.7 は，JK-FF の回路記号とファンクションテーブルならびにタイムチャートを示したものである。

t^n		t^{n+1}
J	K	Q^{n+1}
L	L	Q^n（変化なし）
L	H	L（リセット）
H	L	H（セット）
H	H	$\overline{Q}^n$（トルグ）

(a) 回路記号とファンクションテーブル　　(b) タイムチャート

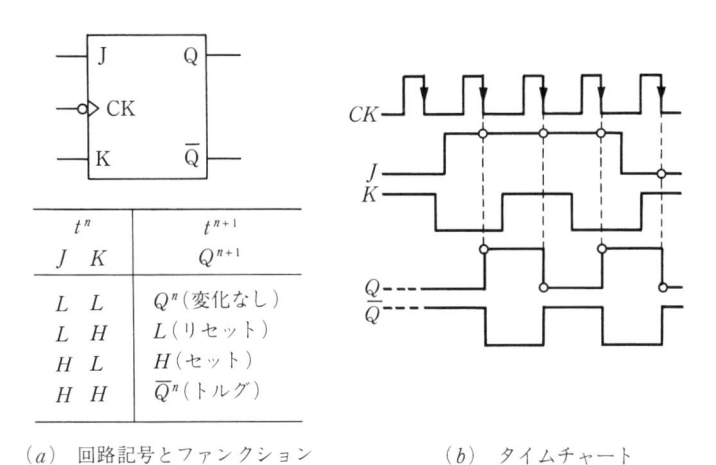

図 5.7　JK-FF

JK-FF では，J と K の入力がともに"L"のときには，出力 Q は前の状態を保持（記憶）し，K の入力が"H"のときに出力 Q は"L"にリセットされ，J の入力が"H"のときに出力 Q は"H"にセットされる。J と K の入力がともに"H"のときには，出力状態は反転（トルグ）される。

5.3.3 その他のフリップフロップ

〔1〕 T-FF　　T-FF は，2進計数機能をもつカウンタ用の FF のことである。図 5.8 は，JK-FF の反転機能を利用した T-FF の回路構成とタイムチャートを示したものである。

T-FF は，J と K の入力はつねに"H"の状態にしておき，CK 端子をカウントパルス入力（T 入力）に構成したものである。トルグ機能により T 入

66   5. 論理回路の基礎

(a) 回路構成　　　(b) タイムチャート

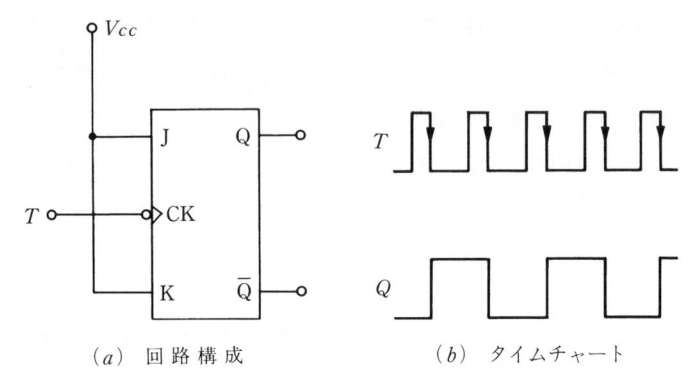

図 5.8　T-FF

コーヒーブレイク

太陽電池の話

　太陽電池は，光エネルギーを直接電気エネルギーに変換する半導体デバイスである。人工衛星の電源として，離島の灯台の電源として，ソーラーカーの電源として，また，電卓や腕時計の電源として，いろいろなところに広く利用されている。いまや一般家屋の屋根瓦の代わりに太陽電池が使用され，余った電気は電力会社が買い取ってくれるシステムも普及しつつある。家屋の屋根に太陽電池を設置する考えは，狭い土地の小さな家に住むわれわれにとっては，すばらしい発想である。

　太陽電池は，無尽蔵の太陽エネルギーをただで使用することができ，騒音も環境汚染もなくクリーンで，いかにも得をするかのようなイメージが強い。はたして得ばかりできるのか考えてみる必要がある。

　太陽電池を製造するために費やされたエネルギーのことを忘れてはならない。太陽電池そのものを作るには数百度の高温を必要とし，製造装置を作るのにもすでにエネルギーを使っている。太陽電池工場の建設における機材に費やしたエネルギー，また，機材や人の輸送のために使った軽油の量なども考慮に入れると，すでに電力を使用し，化石燃料を使用しているのである。

　太陽電池発電システムは，電力を使用する場所で発電できるのが大きな特徴であり，使用する場所では，騒音も環境汚染もなくクリーンといえるのである。

　太陽が姿を隠せば発電しないし，発電量は気まぐれである。安定な電力を確保するためには二次電池が必要である。鉛蓄電池の場合，自動車にみられるように，その寿命は短い。太陽電池発電システムが，低コストで普及するためには，解決しなければならない技術的課題も多い。太陽電池そのものは高変換効率化と低価格化であり，インバータの高効率化，二次電池の開発，フレームや取り付け金具の改良など，技術者の仕事は多いのである。

力が加えられるたびに，出力 Q は反転する。出力 Q からのパルス数は入力パルス数の 1/2 倍になる。すなわち，2 進計数されることになる。

この T-FF を数段接続して，各種のカウンタ回路が構成される。

〔2〕 **D-FF**　図 5.9 は，D-FF の回路記号とファンクションテーブルならびにタイムチャートを示したものである。

D-FF は，一つの入力端子 D をもち，入力の "H" もしくは "L" の各レベルをクロックに同期して，その状態をそのまま出力する機能をもつ。パルスをクロックに同期させる遅延動作に利用される。

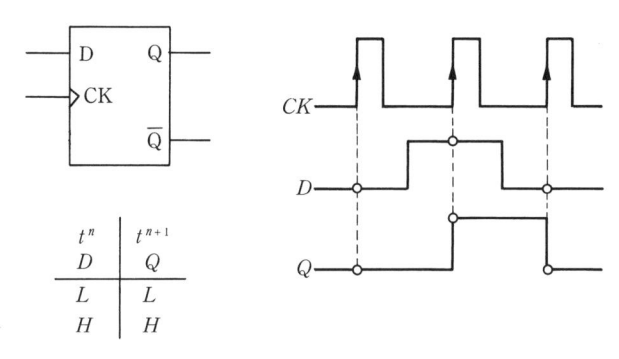

t^n	t^{n+1}
D	Q
L	L
H	H

（a）回路記号とファンクションテーブル　　（b）タイムチャート

図 5.9　D-FF

演 習 問 題

【1】 つぎの論理式を証明せよ。
　　（1）　$A \cdot (A+B) = A$
　　（2）　$A + \bar{A} \cdot B = A + B$

【2】 論理式 $X = \overline{A \cdot B} + A \cdot B$ をオール NAND 形式に変換して，NAND ゲート図で表現せよ。

【3】 AND，OR および NOT の論理をオール NOR 形式に変換して，NOR ゲート図で表現せよ．

【4】 フリップフロップの特徴を説明せよ．

6

半導体とデバイス

電気材料には,導体(電流をよく通すもの:例えば,銅やアルミニウムなどの金属類)と絶縁体(電流を通さないもの:例えば,ゴム,ビニル類など)があるが,半導体は,その中間的なもので,ダイオードやトランジスタなどの能動デバイスを構成する材料である。本章では,半導体の基本的な性質と pn 接合デバイスついて説明する。

6.1 半導体の基本的性質

6.1.1 電気材料の分類と半導体

電気材料を抵抗率(resistivity)から分類すると,**表 6.1** に示すように,**導体**(conductor),**絶縁体**(insulator)および**半導体**(semiconductor)に分かれる。

表 6.1 電気材料の分類

材料	抵抗率〔Ω·m〕
導体	$10^{-8} \sim 10^{-4}$
絶縁体	$10^{6} \sim 10^{18}$
半導体	$10^{-2} \sim 10^{5}$

半導体の抵抗率は $10^{-2} \sim 10^{5}$〔Ω·m〕であり,その材料は,シリコン(Si)とゲルマニウム(Ge)の単結晶系が代表的であり,ガリウムヒ素(GaAs)のような化合物系もある。

半導体は,**図 6.1** に示すように,結晶系と化合物系に大別される。純粋な

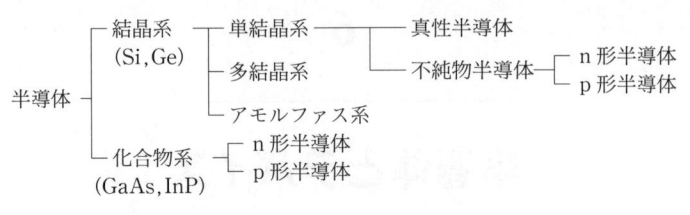

```
                 ┌─ 結晶系   ┬─ 単結晶系 ─┬─ 真性半導体
                 │ (Si,Ge)  ├─ 多結晶系  └─ 不純物半導体 ┬─ n形半導体
半導体 ─┤          └─ アモルファス系                    └─ p形半導体
                 │
                 └─ 化合物系 ┬─ n形半導体
                   (GaAs,InP) └─ p形半導体
```

図 **6.1**　半導体の分類

SiやGeの単結晶は**真性半導体**（intrinsic semiconductor）と呼ばれ，これにわずかの不純物を加え，電流を流れやすくしたものが**不純物半導体**（extrinsic semiconductor）と呼ばれる。不純物の種類により，p形半導体とn形半導体に分かれる。**化合物半導体**では，GaAsやインジウムリン（InP）などの材料に不純物を加えてp形半導体やn形半導体が形成される。

単結晶系のp形半導体とn形半導体の組合せ構成が，ダイオードやトランジスタなどの電子デバイスの構成要素であり，化合物系のp形半導体とn形半導体の組合せ構成が光半導体デバイスの構成要素になっている。

p形半導体とn形半導体とは，どのような構成でどのような性質をもつのか，そして組合せ構成がどのような機能を発揮するのか，単結晶系のSiを取り上げ説明する。

6.1.2　真性半導体と不純物半導体

〔**1**〕　**真性半導体**　　純粋なSi（シリコン）単結晶は，Si原子の最外殻電子が4個であるので，**図 6.2** に示すように，4価の**共有結合**により，安定したダイヤモンド構造を形成している。

共有結合による電子の結合力は1.1eV（**エレクトロンボルト**）であり，結晶中での電子の移動は，電子が共有結合から離れて別の共有結合の電子と置き換わることにより起こる。移動する電子を**自由電子**（free electron）と呼ぶ。

電子が共有結合から離れると，電子の抜け殻ができるが，電子を引き込み安定化しようとするはたらきが生じる。この電子の抜け殻を**正孔**（hole）と呼ぶ。

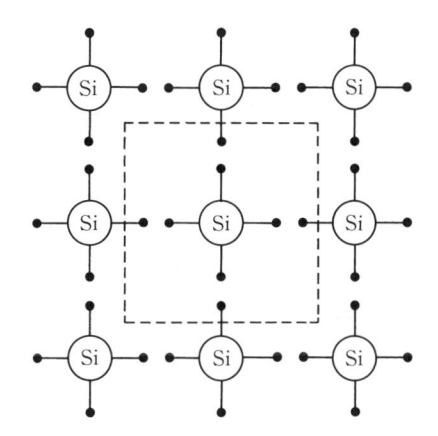

図 6.2 Si 単結晶の構造

　電子は負の電荷（$-e$）をもつ粒子であるが，正孔は電子と同じ質量で正の電荷（$+e$）をもった粒子として扱われる．半導体における電荷を運ぶ担い手である**キャリヤ**（carrier）は，電子と正孔の 2 種類が存在することになる．

　なお，Ge（ゲルマニウム）については，結晶構造は，Si の場合と同じで，その結合力は $0.72\,\mathrm{eV}$ である点が異なる．

〔2〕**n 形半導体**　　n 形半導体は，図 **6.3** に示すように，Si 結晶に 5 価の**不純物**（impurity），例えば Sb（アンチモン）を**ドープ**（dope）して，4 価の共有結合の**余剰電子**を生ずるようにしたものである．

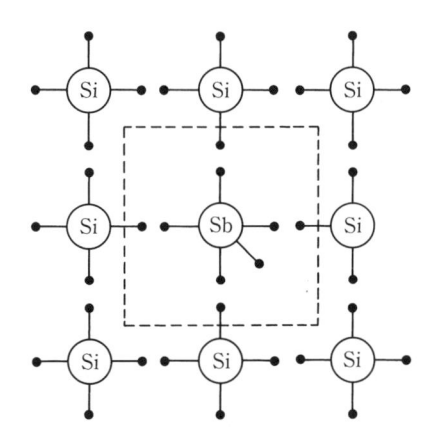

図 6.3 n 形半導体の構造

この余剰電子は，0.01 eV のわずかのエネルギーで，別の電子と置き換わることができる。このような結晶構造中では，電子は，不純物の余剰電子と置き換わりながら移動することになる。このように，5価の不純物の余剰電子が電気伝導に関係する半導体をn形半導体と呼ぶ。なお，n は電子が負の電荷（negative charge）をもつことに起因している。5価の不純物を**ドナー不純物**（donner impurity）と呼ぶ。

〔3〕**p形半導体**　p形半導体は，図 6.4 に示すように，Si 結晶に3価の不純物，例えば In（インジウム）をドープして，4価の共有結合の電子の不足を生ずるようにしたものである。この電子の不足が正孔である。

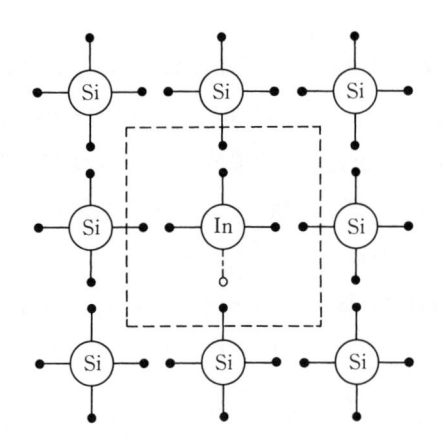

図 6.4　p形半導体の構造

この正孔は，0.01 eV のわずかのエネルギーで，電子を引き込む役目を果たし，結晶中を電子は，正孔を伝いながら移動することになる。逆に，正孔が，電子との移動とは逆方向に移動することになる。このように，3価の不純物の正孔が電気伝導に関係する半導体をp形半導体と呼ぶ。なお，p は，正孔が正の電荷（positive charge）をもつことに起因している。3価の不純物を**アクセプタ不純物**（acceptor impurity）と呼ぶ。

不純物半導体には，n形半導体とp形半導体とがあり，不純物が，余剰電子や正孔を形成し，電気伝導に深く関係している。このn形半導体とp形半導体を接合することにより，機能デバイスが構成される。

6.2 pn 接合デバイス

6.2.1 pn 接合の基本機能

pn 接合の最も基本的なデバイスは，**整流ダイオード**（rectifying diode）である．このダイオードは与える電圧の極性により，電流を流したり流さなかったりする性質をもつ．

図 6.5 は，pn 接合ダイオードの動作原理図を示したものである．

(a) 順方向バイアス　　　　(b) 逆方向バイアス

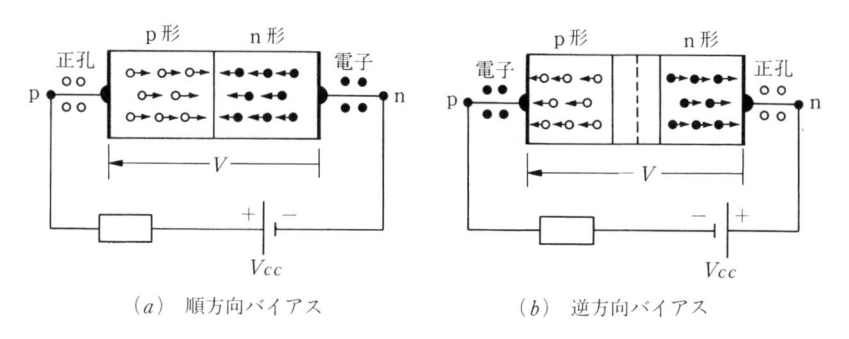

図 6.5　pn 接合ダイオードの動作原理図

電気伝導に関係するのは，p 形半導体では正孔（○印）で n 形半導体では電子（●印）である．電池による電流は，電池のプラス極から外部回路を通してマイナス極に流れる．したがって，電子の流れる方向は，電流の流れる方向と逆であるから，電子は，電池のマイナス極から出て外部回路を通してプラス極に到達することになる．半導体のキャリヤは，電子と正孔の 2 種類があるので，正孔については，電池のプラス極から出て外部回路を通してマイナス極に到達することになる．このように，電池は，マイナス極からは電子を，プラス極からは正孔を，それぞれ，外部回路に供給することにより，電流を流すはたらきをもつ．

電池からの電流は，正孔による電流（**正孔電流**）と電子による電流（**電子電流**）の和と考えることができる．

〔**1**〕 **順方向バイアス**　図 **6.5**(a)に示すように，電池のプラス端子をp形半導体端子へ，電池のマイナス端子をn形半導体端子に接続した状態を**順方向バイアス**（forward bias）と呼ぶ。**バイアス**（bias）とは，デバイスに電圧や電流を適切に与えることを意味する。なお，抵抗は，電流制限用の保護抵抗（負荷抵抗）である。

　p形半導体端子へは，電池のプラス極から正孔が供給（注入）され，n形半導体端子へは電池のマイナス極から電子が注入されることになる。したがって，p形領域の正孔はn形領域の電子を伝いながらn形端子へ，n形領域の電子はp形領域の正孔を伝いながらp形端子へ，それぞれ容易に移動することになる。すなわち，電流が流れやすいのである。

〔**2**〕 **逆方向バイアス**　図(b)に示すように，電池のマイナス端子をp形半導体端子へ，電池のプラス端子をn形半導体端子に接続した状態を**逆方向バイアス**（backward bias）と呼ぶ。

　p形半導体端子へは，電池のマイナス極から電子が注入され，n形半導体端子へは電池のプラス極から正孔が注入されることになる。したがって，p形領域の正孔はp形端子へ引き付けられ，n形領域の電子はn形端子へ引き付けられるので，pn接合近傍には，正孔も電子も存在しない領域，すなわち**空乏層**（depletion layer）が形成される。pn接合を介しての正孔と電子の移動はきわめて困難になるので，電流はほとんど流れないのである。

　このように，pn接合ダイオードでは，電圧の極性により，電流を流したり流さなかったりする動作を行う。

〔**3**〕 **電圧-電流特性**　図 **6.6** は，pn接合ダイオードの記号と電圧-電流特性を示したものである。

　順方向では，ダイオードの電流 I_D は端子間電圧（バイアス電圧）V に対し指数関数的に増加するが，逆方向では，漏れ電流 I_S（逆方向飽和電流と呼ぶ）がわずかに流れるだけである。

　逆方向で，バイアス電圧がある値に達すると，急激に電流が流れるようになる。この現象は，ツェナー降伏現象と呼ばれていて，通常のダイオードでは破

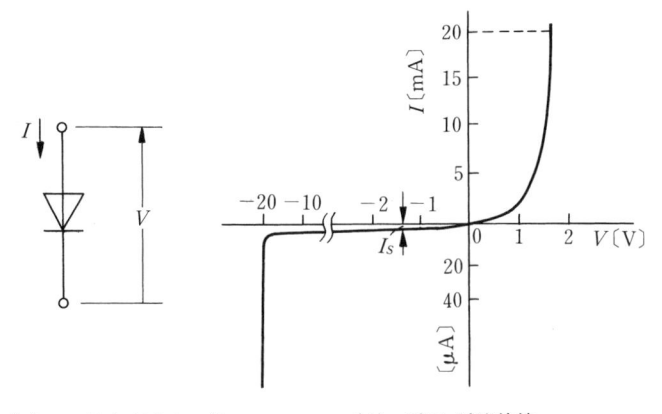

(a) pn接合ダイオードの記号

(b) 電圧-電流特性

図 6.6 pn接合ダイオードの記号と電圧-電流特性

壊に至る．しかし，電圧を一定に保つ目的に使用されるツェナーダイオードは，この現象を利用したものである

ダイオードの電流 I_D とバイアス電圧 V の関係は，順方向および逆方向とも

$$I_D = I_S \cdot \left\{ \exp\left(\frac{eV}{kT}\right) - 1 \right\} \tag{6.1}$$

で表される．ここで，I_S は逆方向の飽和電流で，k はボルツマン定数で，e はキャリヤの電荷，そして T は絶対温度である．

順方向では，V が正であるから，-1 の項を無視すれば

$$I_D = I_S \cdot \exp\left(\frac{eV}{kT}\right) \tag{6.2}$$

となり，逆方向では，V が負になるので，指数関数の項を無視すると

$$I_D = -I_S \tag{6.3}$$

となる．

6.2.2 整流回路

図 6.7 は，整流基本回路とその動作波形を示したものである．

電源の交流電圧 v が，正のサイクルのとき，ダイオードは順方向バイアス

76   6. 半導体とデバイス

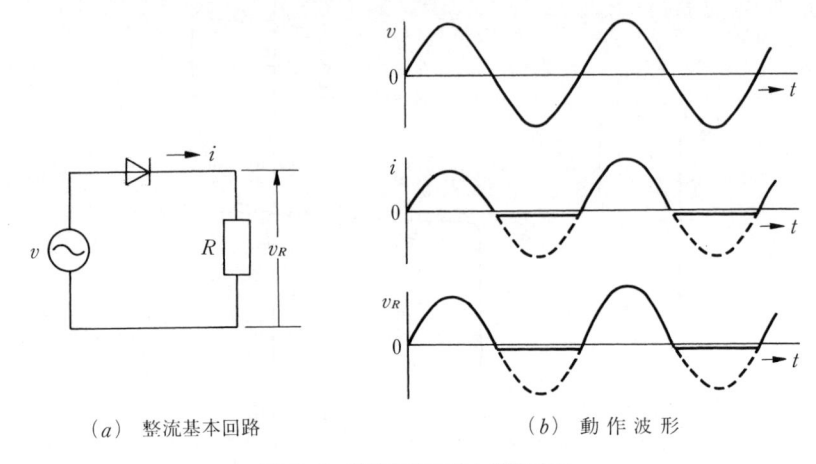

(a) 整流基本回路   (b) 動作波形

図 6.7 整流基本回路と動作波形

になり，負荷抵抗に順方向電流 i が流れ，負荷抵抗の端子間電圧 v_R は交流電圧に比例した値になる。交流電圧の負のサイクルでは，ダイオードは逆方向バイアスになり，電流は阻止されるので，負荷抵抗にはわずかの逆方向飽和電流が流れるにすぎない。負荷抵抗の端子間電圧 v_R はほとんど現れない。この回路は，負荷抵抗に正の電圧（脈流）のみが現れることになる。

実際の整流回路では，四つのダイオードを組み合わせて，交流電圧の負のサイクルにも，正の脈流電圧を生じさせるようにした**全波整流回路**（all wave rectifier）が使用される。

図 6.8 は，交流電圧から全波整流回路により，直流電圧を得る直流電源回路の基本構成と波形を示したものである。

交流電圧は，トランスにより，振幅電圧を変換した後，ダイオードブリッジによる整流回路で全波整流波形に変換される。平滑回路はコンデンサの電圧保持機能とコイルの交流分阻止機能を利用して，変動（リプル：ripple）の少ない直流に変換される。

なお，市販の直流電源回路では，平滑回路の後段に制御回路をさらに付加して安定な直流が得られるように構成されている。

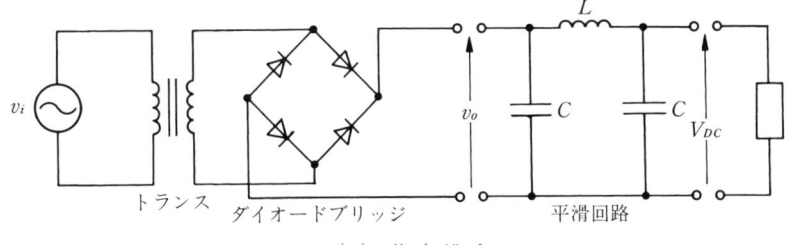

(a) 基本構成

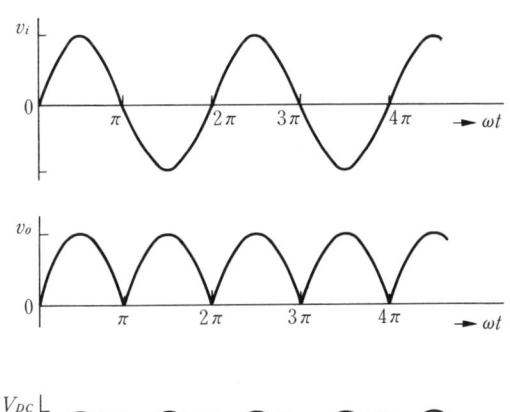

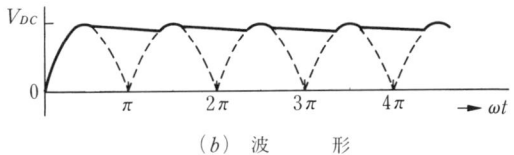

(b) 波形

図 6.8 直流電源回路の基本構成と波形

6.3 半導体デバイスの概要

　半導体デバイスは，半導体そのものの特性や p 形および n 形の不純物半導体の組合せによる種々の効果を利用して構成される．

6.3.1 単一半導体によるデバイス

　単一半導体は，温度や圧力によってその電気抵抗が変化する温度効果があ

り，また，磁界により電気的特性が変化する**ホール効果**（Hall effect）が顕著であり，半導体センサに利用されている。**表 6.2** は，これらの効果とセンサを示したものである。

表 6.2 半導体センサ

温 度 効 果	温度センサ
圧 電 効 果	圧力センサ
ホール効果	ホールセンサ

半導体温度センサは，SiC による薄膜**サーミスタ**がオーブンや電子レンジなどの調理器の温度計測用に利用されている。

圧力センサは，半導体に圧力を加えると，金属の場合と同様に，ピエゾ抵抗効果により電気抵抗が変化する特性を利用したものである。圧力ひずみによる抵抗変化率が，金属に比べ半導体では高く，単結晶 Si やアモルファス Si による圧力センサが市販されている。

ホール効果は，半導体のある方向に電流を流し，これと直角方向の磁界中に入れると，両方に直角な方向に電位差（ホール電圧）を発生する効果である。ホールセンサは，磁気センサとして，磁界の計測や半導体材料のキャリヤ密度などの物理定数の計測に利用されている。

6.3.2 pn 接合デバイス

pn 接合は，整流機能による整流ダイオードが代表的であるが，種々の機能をもつデバイスがある。**表 6.3** は，一般的な pn 接合デバイスをまとめて示したものである。

定電圧ダイオードは，pn 接合の逆バイアスにおけるツェナー降伏現象で，端子間電圧が一定になることを利用したもので，電子回路で基準電圧を得るために使用される。また，**可変容量ダイオード**は，逆バイアスでの空乏層の変化を利用したもので，FM 変調や周波数選択用のコンデンサとして利用されている。光デバイスについては，*12* 章で説明する。

表 6.3 一般的な pn 接合デバイス

整流デバイス	整流ダイオード 検波ダイオード
機能デバイス	定電圧ダイオード（ツェナー効果） 可変容量ダイオード（空乏層効果） エサキダイオード（トンネル効果） インパットダイオード（マイクロ波発振効果）
光デバイス	発光ダイオード 半導体レーザ ホトダイオード 太陽電池

6.3.3 トランジスタデバイス

トランジスタは，接合形トランジスタ（junction transistor）と電界効果形トランジスタ（field effect type transistor：FET）に大別される．**表 6.4** は，代表的なトランジスタの種類をまとめて示したものである．

表 6.4 代表的なトランジスタの種類

接合形トランジスタ	npn タイプ pnp タイプ	
電界効果形トランジスタ （FET）	接合形 FET MOS 形 FET	n チャネルタイプ p チャネルタイプ

接合形トランジスタには，pnp タイプと npn タイプがあり，FET には，接合形と MOS（metal oxide semiconductor）形に区分され，それぞれ n チャネルタイプと p チャネルタイプがある．

トランジスタは，増幅機能やスイッチング機能をもった能動素子であり，単独または集積回路に広く利用されている．トランジスタの特性や回路については，7 章，8 章で解説する．

6.3.4 pnpn 4 層デバイス

pnpn 4 層デバイスは，一般的に**サイリスタ**（thyristor）と呼ばれ，交流電力用のスイッチングデバイスである．

単方向制御用のSCR（silicon controlled rectifier）と双方向制御用のトライアック（TRIAC：triode AC thyristor）が電力制御用に使用されている。

以上のように，半導体電子デバイスは，多くの種類があり，電子回路の構成要素のみならず，センサとして，また電力制御に広く利用されている。

演 習 問 題

【1】 シリコンのn形半導体とp形半導体の構造を説明せよ。

【2】 整流ダイオードの整流機能について説明せよ。

【3】 トランジスタの種類を示せ。

7

トランジスタと基本回路

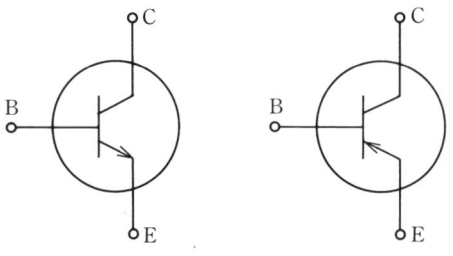

　トランジスタは，接合形トランジスタと電界効果形トランジスタが，広く使用されている。また，集積回路の基本構成要素にもなっている。トランジスタは，増幅機能とスイッチング機能をもつ能動デバイスである。本章では，これらのトランジスタの構成と基本機能について説明する。

7.1　接合形トランジスタ

7.1.1　接合形トランジスタの構造と特性

　接合形トランジスタ（junction transistor）は，バイポーラトランジスタ（bipolar transistor）とも呼ばれ，p形半導体とn形半導体をnpnまたはpnpの3層構成にしたデバイスである。**図7.1**は，接合形トランジスタの記号を示したものである。

　端子Bはベース（base），端子Cはコレクタ（collector）そして端子Eは

　　　　（a）npnトランジスタ　　（b）pnpトランジスタ
　　　　　　図7.1　接合形トランジスタの記号

エミッタ（emitter）の名称が付けられている。npn と pnp の区別は，エミッタの矢印の方向によってなされる。矢印は電流の流れる方向を示している。

図 7.2 は，npn トランジスタのデバイス構成と構造モデルを示したものである。

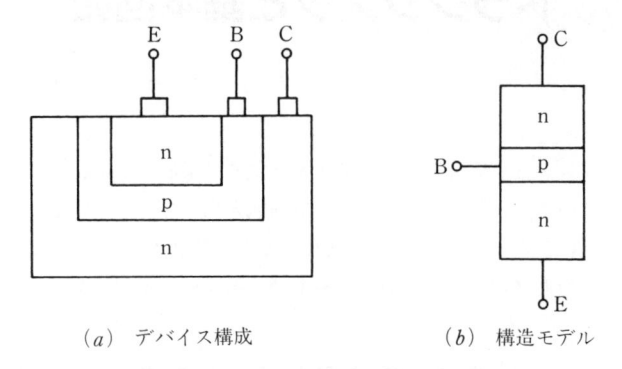

(a) デバイス構成　　　(b) 構造モデル

図 7.2　npn トランジスタのデバイス構成と構造モデル

バイアス（bias）電圧の与え方は，エミッタ-ベース間ダイオードは順方向バイアスで，ベース-コレクタ間ダイオードは逆方向バイアスになるようにしなければならない。したがって，npn と pnp では，電圧の与え方は逆になるが，動作特性は同じである。図 7.3 は，npn トランジスタのベース接地（入

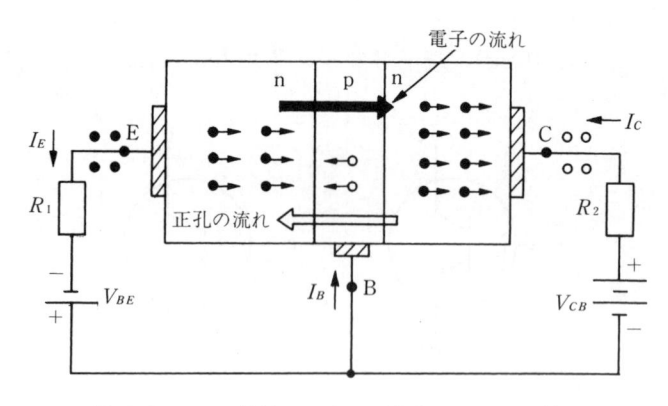

図 7.3　ベース接地のバイアス電圧とキャリヤの流れ
　　　（npn トランジスタ）

出力の共通端子がベース）に対するバイアス電圧の極性とキャリヤの流れを示したものである。

E-B間ダイオードは，バイアス電圧 V_{BE} によって順方向バイアスされるので，E端子から電子が注入される。E領域の電子は，B領域に容易に入り込むが，B領域の幅が非常に狭く作られているので，ほとんどの電子は，C領域に流れ込む。一方，C-B間ダイオードは，バイアス電圧 V_{CB} によって逆方向バイアスされるので，C端子から注入される正孔は，C領域の電子をC極に引き付けるはたらきをする。すなわち，E端子に注入された電子は，B領域を通り抜けてC領域に入り込み，C極に移動することになる。逆に，正孔は電子の流れとは反対であるので，C端子に注入された正孔は，C領域からB領域を通り抜けてE端子に移動するのである。

このキャリヤの流れを電流で示せば，以下のようになる。エミッタ電流を I_E，ベース電流を I_B，コレクタ電流を I_C とすれば

$$I_E = I_B + I_C \tag{7.1}$$

となる。エミッタ電流に対するコレクタ電流の比を α とすれば

$$\alpha = \frac{I_C}{I_E} \tag{7.2}$$

の関係で表される。α は，**ベース接地電流増幅率**（common base current amplification factor）と呼ばれ，0.99 程度の 1 より小さな値である。したがってベース接地の場合には電流増幅機能はもたないことになる。エミッタ接地にすれば，電流増幅機能を生ずるようになる。

7.1.2 エミッタ接地の基本特性

〔**1**〕 **電流増幅機能**　　図 7.4 は，npn トランジスタを使用したエミッタ接地のバイアス電圧と電流の対応を示したものである。トランジスタなどの半導体デバイスは，必ず負荷抵抗（負荷インピーダンス）を介して電源 V_{CC} に接続しなければならない。直接電源に接続すれば破壊する。

B-E間ダイオードは，バイアス電圧 V_{BB} によって順方向バイアスされ，C-

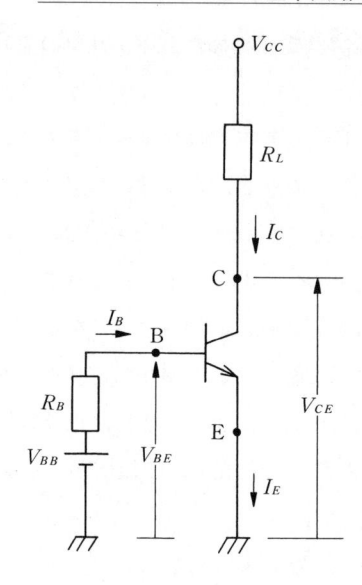

図 7.4 エミッタ接地のバイアス電圧と電流の対応

B間ダイオードは，C-E間電圧 V_{CE} と B-E間電圧 V_{BE} の差の電圧により，逆方向バイアスされる。コレクタ電流 I_C とベース電流 I_B の関係を求めると

$$I_C = \frac{\alpha}{1-\alpha} \cdot I_B = \beta \cdot I_B \tag{7.3}$$

となる。ここで，β は**エミッタ接地電流増幅率**と呼ばれ

$$\beta = \frac{\alpha}{1-\alpha} \tag{7.4}$$

の関係である。例えば，$\alpha=0.99$ とすると，$\beta=99$ となり，ベース電流の99倍がコレクタ電流になることを示している。すなわち，エミッタ接地は，電流増幅機能をもつことがわかる。

〔2〕 **電圧-電流特性**　図 7.5 は，ベース電流 I_B をパラメータにした C-E間電圧 V_{CE} とコレクタ電流 I_C の関係を示したものである。

ベース電流 I_B をある値に設定して，C-E間電圧 V_{CE} を増加させると，ほぼ一定のコレクタ電流が流れる。図からベース電流が0の場合には，コレクタ電流はほとんど流れず，ベース電流を大きくすると，大きなコレクタ電流が流れることがわかる。

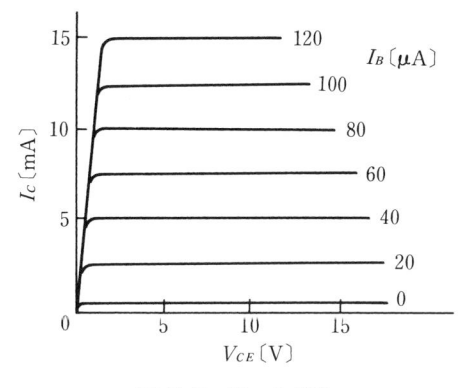

図 7.5　V_{CE}-I_C 特性

特性図の横軸と $I_B=0$ の領域は，コレクタ電流がほとんど流れないので，**遮断領域**（cut-off region）と呼ばれる。縦軸と特性曲線の領域は，コレクタ電圧が小さくてもコレクタ電流が流れるので，**飽和領域**（saturation region）と呼ばれる。ベース電流によりコレクタ電流が決まる部分は活性領域または**能動領域**（active region）と呼ばれる。

〔**3**〕**負　荷　線**　図 7.4 のエミッタ接地回路より，トランジスタの C-E 間電圧 V_{CE} と負荷抵抗 R_L の電圧降下 $I_C \cdot R_L$ の和が電源電圧 V_{CC} になるから，つぎの関係が得られる。

$$V_{CC} = V_{CE} + I_C \cdot R_L \tag{7.5}$$

したがって

$$I_C = -\frac{1}{R_L} \cdot V_{CE} + \frac{V_{CC}}{R_L} \tag{7.6}$$

となる。この式は，横軸の切片が $V_{CE}=V_{CC}$ で，縦軸の切片が V_{CC}/R_L で，傾きが $-1/R_L$ の直線の式であり，**負荷線**（load line）の式と呼ばれる。

図 7.6 は，V_{CE}-I_C 特性と負荷線の関係を図示したものである。

特性曲線では電源電圧 V_{CC} と負荷抵抗 R_L の関係は現れないが，負荷線と特性曲線の交点によって，その対応関係が明らかになる。

〔**4**〕**スイッチング動作**　$I_B=0$ の特性曲線と負荷線との交点をAとし，

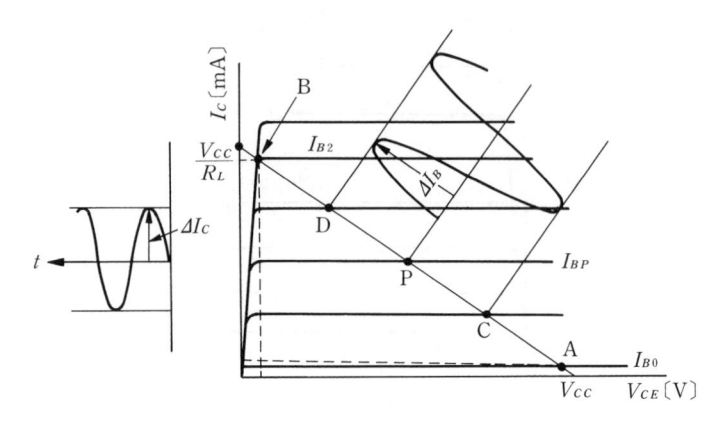

図 7.6　V_{CE}-I_C 特性と負荷線の関係

特性曲線の立上りと負荷線との交点を B とする。

交点 A では，$V_{CE} \approx V_{CC}$，$I_C \approx 0$ の関係になり，交点 B では，$V_{CE} \approx 0$，$I_C \approx V_{CC}/R_L$ の関係になる。すなわち，図 7.7 に示すように，トランジスタは，ベース電流により**スイッチング動作**をすることになる。

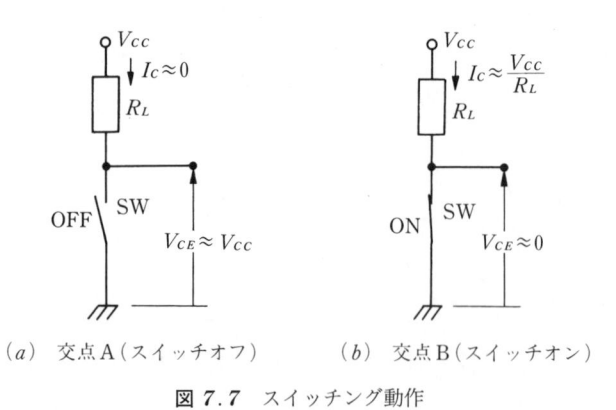

(a) 交点 A (スイッチオフ)　　(b) 交点 B (スイッチオン)

図 7.7　スイッチング動作

〔5〕**増幅動作**　増幅動作の場合には，図 7.6 において交点 A と交点 B の中間点を P とする。点 P を動作点（operating point）と呼ぶ。中間点 P のベース電流を I_{BP} とする。

$I_B = I_{BP}$ を中心にして，ベース電流を $\pm \Delta I_B$ 変化させる。すなわち，$I_{B2}=$

$I_{BP}-\varDelta I_B$ の点 C および $I_{B1}=I_{BP}+\varDelta I_B$ の点 D の範囲でベース電流を変化させれば，コレクタ電流 I_C は，$\pm\varDelta I_C$ 変化することになる。したがって，この場合の**電流増幅度** A_i は

$$A_i=\frac{\varDelta I_C}{\varDelta I_B} \tag{7.7}$$

となる。例えば，$\varDelta I_B=20$〔μA〕で $\varDelta I_C=2$〔mA〕であれば，$A_i=100$〔倍〕になる。

7.2 電界効果形トランジスタ

7.2.1 電界効果形トランジスタの構造と特性

〔1〕**電界効果形トランジスタの種類と記号**　　**電界効果形トランジスタ**(FET：field effect transistor) は，ユニポーラトランジスタ（unipolar transistor）とも呼ばれ，ゲート（G：gate），ソース（S：source）およびドレーン（D：drain）からなる三端子素子である。

FET は，ソース-ドレーン間のキャリヤ（carrier：電子または正孔）の通路（**チャネル**：channel）をゲート電位により制御し，増幅やスイッチングを行うデバイスである。

FET は，構造面から接合形 FET (JFET：junction type FET) と MOS 形 FET (MOS FET：metal oxide semiconductor type FET) に大別され，キャリヤの種類から，電子の場合を n チャネルタイプ，正孔の場合を p チャネルタイプに分類される。

表 7.1 は，FET の種類と記号を示したものである。なお，MOS FET では，製造面からディプレッションタイプとエンハンスメントタイプにさらに分類されるが，ここでは，ディプレッションタイプのみを扱っている。回路で扱う場合には，接合形と MOS 形との区別をした一般記号も使用される。この場合には，バイアス状態から n チャネルタイプか p チャネルタイプかを判断しなければならない。

7. トランジスタと基本回路

表 7.1 FET の種類と記号

	n チャネル	p チャネル	一般記号
接合形	(G, D, S)	(G, D, S)	(G, D, S)
MOS 形	(S, D, G)	(G, D, S)	(G, D, S)

〔2〕 **JFET の構造と電気的特性**　図 7.8 は，n チャネル接合形 FET の構造とキャリヤの流れを示したものである。p 形基板上に n 形を形成して，両端にソース（S：source）とドレーン（D：drain）の端子を設け，中央に p 形を形成してゲート（G：gate）端子とした構造である。

ソース端子は接地（アース）して，ドレーン端子は負荷抵抗を介して電源電

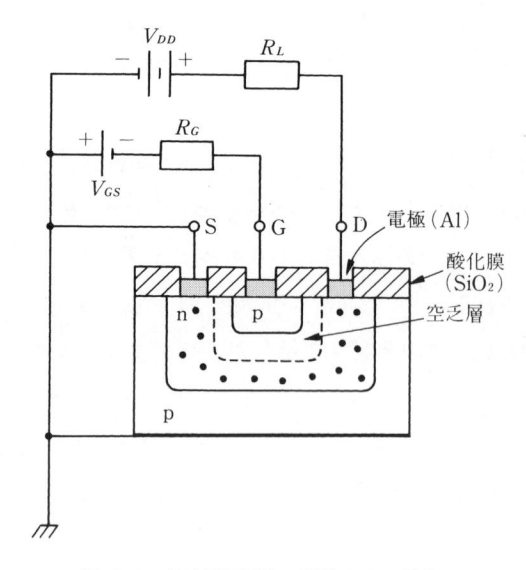

図 7.8 接合形 FET の構造とキャリヤの流れ（n チャネルタイプ）

圧 V_{DD} が接続される。電源のマイナス極から電子が S 端子に供給され，注入された電子は n 形の通路（チャネル）を通って D 端子へ移動し，電源のプラス極に吸収される。

　ゲート-ソース間の pn 接合は，ゲート電圧 V_{GS} によって逆バイアス（G 端子にマイナス，S 端子にプラスの極性）され，pn 接合近傍には空乏層（絶縁層）が形成される。この空乏層が，チャネルを狭めるはたらきをし，チャネル

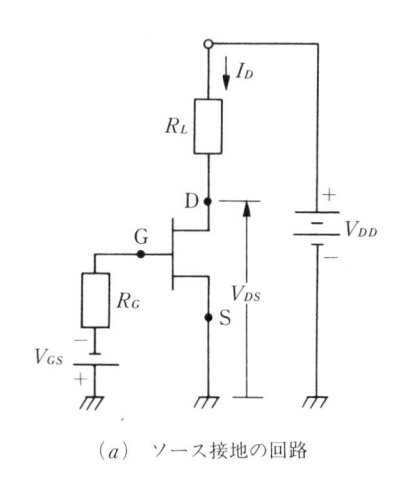

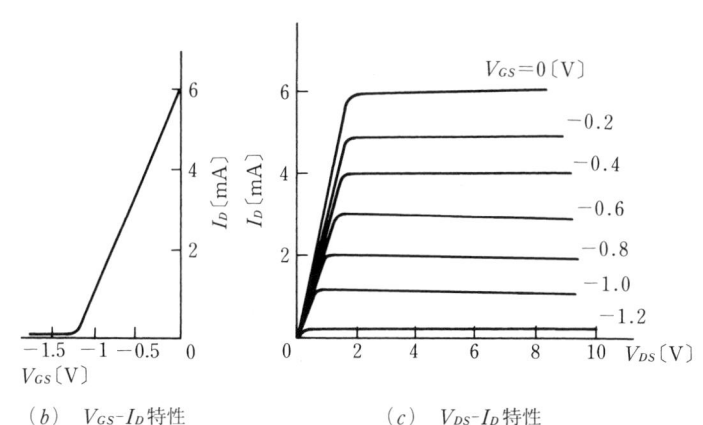

（a） ソース接地の回路

（b） V_{GS}-I_D 特性　　　（c） V_{DS}-I_D 特性

図 7.9　JFET のソース接地の回路と電気的特性

を通過する電子の量を制御することになる。すなわち，ゲートには電流は流れず，ゲート電位のみによってチャネル幅が制御されるのである。

図 7.9 は，JFET のソース接地の回路と電気的特性の一例を示したものである。

ゲート-ソース間電圧 V_{GS} がゼロの場合には，空乏層は形成されず，チャネル幅は最大になるので，ドレーン電流 I_D は最大になる。V_{GS} が負で大きくなるにつれてチャネル幅が減少するので，I_D は小さくなる。V_{GS} がある負の値以上になるとチャネル幅がゼロ（ピンチオフ状態と呼ぶ）になり，I_D はゼロになる。

〔3〕 **MOS-FET の構造と電気的特性**　図 7.10 は，n チャネル MOS-FET の構造（エンハンスメントタイプ）とバイアス状態を示したものである。

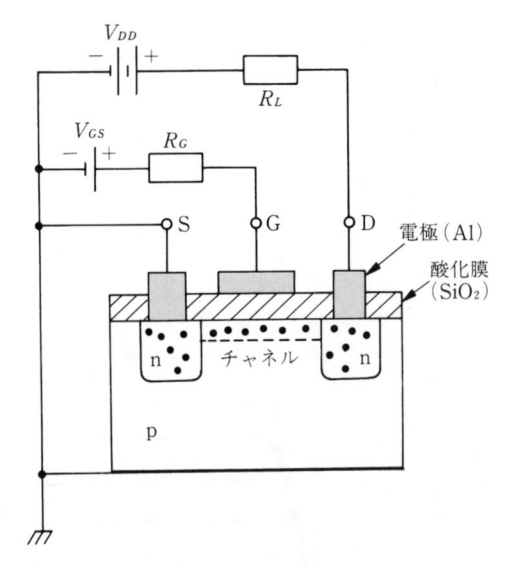

図 7.10　MOS-FET の構造とバイアス
(n チャネルタイプ)

p 形基板上の 2 箇所に n 形半導体をドープして，ソースとドレーン端子を設け，中間にシリコン酸化膜（SiO_2）の絶縁物を介して，アルミゲート電極（ゲート端子）を設けた構造である。酸化膜によって，ゲート電極と p 形半導体間

に絶縁物を挟んだ構成になり，コンデンサが形成される．ゲート-ソース間に正のバイアス電圧 V_{GS} を与えると，ゲート電極に正孔が注入されるので，p 形半導体側に静電誘導により電子が誘起され，電子の通路（チャネル）が形成される．ドレーン-ソース間に負荷抵抗を介して接続した電源 V_{DD} によって，ソースから注入された電子は，このチャネルを通ってドレーン側の n 形半導体に到達する．

V_{GS} が 0 の場合には，チャネルは形成されず，ソースからの電子は，ドレー

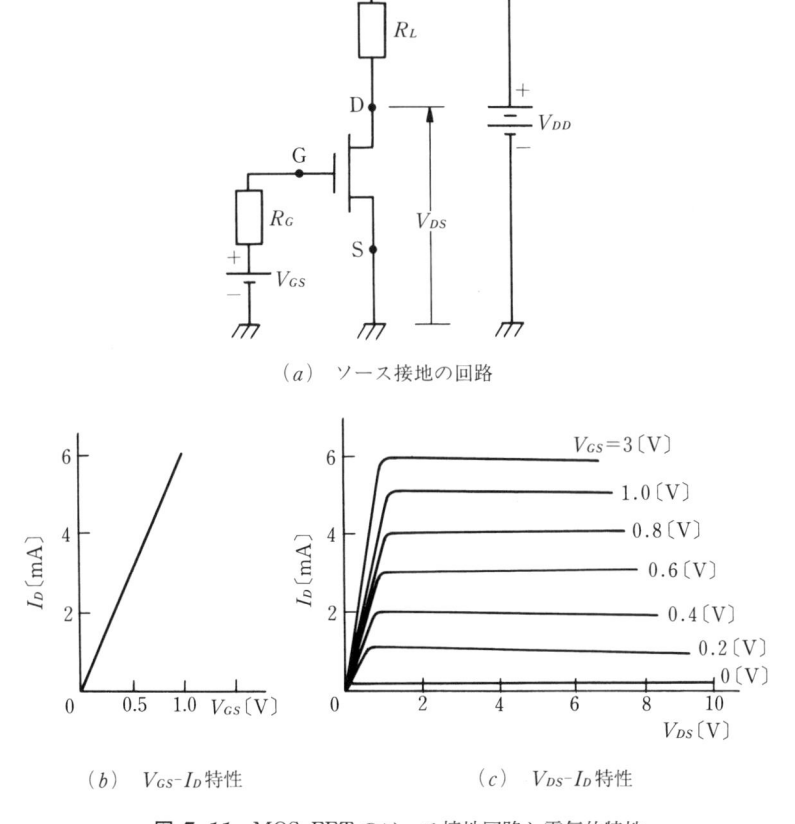

(a) ソース接地の回路

(b) V_{GS}-I_D 特性

(c) V_{DS}-I_D 特性

図 7.11 MOS-FET のソース接地回路と電気的特性

ン側に到達しない。正のゲート電圧 V_{GS} が増加するに伴ってチャネル幅が増加し,ソースからドレーンへの電子の流れは増加するようになる。なお,ゲートには電流は流れない。

図 7.11 は,MOS-FET のソース接地回路と電気的特性の一例を示したものである。

7.2.2 ソース接地回路の基本特性

〔1〕 **ソース接地回路と負荷線の関係** 図 7.12 は,JFET（nチャネルタイプ）のソース接地回路および V_{DS}-I_D 特性における負荷線を示したものである。

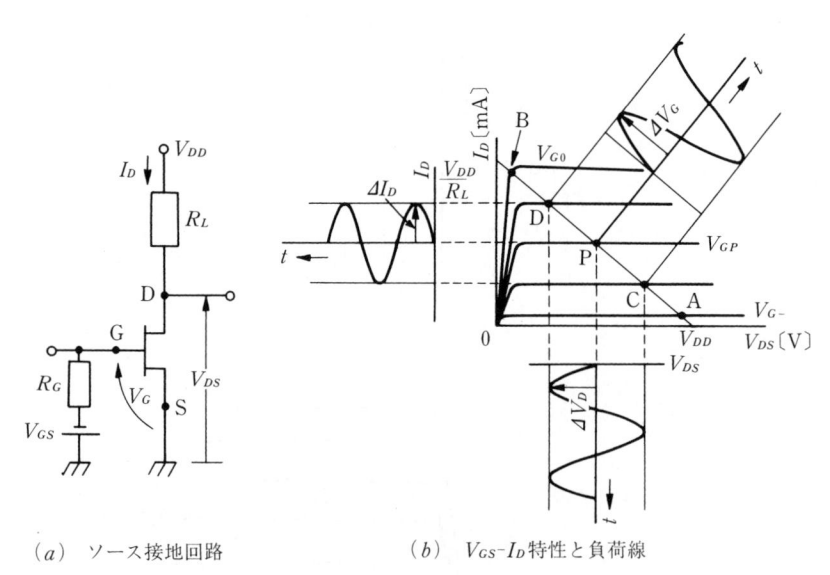

(a) ソース接地回路　　　(b) V_{GS}-I_D 特性と負荷線

図 7.12 JFET ソース接地回路と負荷線の関係

電源電圧を V_{DD},負荷抵抗を R_L とすると

$$V_{DD} = I_D \cdot R_L + V_{DS} \tag{7.8}$$

であるから,負荷線の式が求められる。

$$I_D = -\frac{1}{R_L} \cdot V_{DS} + \frac{V_{DD}}{R_L} \tag{7.9}$$

〔2〕**スイッチング動作と増幅動作**　負荷線がゲート-ソース間電圧 V_G が，$V_G = V_{G-}$（負の大きな電圧）との交点を A とすると

$$V_{DS} \approx V_{DD}, \quad I_D \approx 0 \tag{7.10}$$

の関係が成立するから，JFET はスイッチオフの状態になる。

また，$V_G = V_{G0} \approx 0$ との交点を B とすると

$$V_{DS} \approx 0, \quad I_D \approx \frac{V_{DD}}{R_L} \tag{7.11}$$

の関係が成立するから，JFET はスイッチオンの状態になる。このように，ゲート電圧を負の大きな電圧にするか，0 にするかによってスイッチング動作を行わせることができる。

┏━ コーヒーブレイク ━┓

電子デバイスのデータシートの見方

　雑誌などの電子回路を引用するときには，記載されている電子デバイスをそのまま使用すればよいが，電流容量を増やしたい，出力電圧を大きくしたい，などで回路機能を変更したい場合がある。目的に合った電子デバイスを選ぶために，データブック（マニュアル）を調べるが，特にアナログ回路ではオペアンプの種類が多すぎてどれを選んでよいか迷うことがある。このようなときに，参考となる事項を紹介しよう。

　電子デバイス（特にアナログ集積回路）には，電源電圧範囲，消費電力，周波数特性，対雑音性，信号入力電圧範囲，使用温度範囲があり，データシートには，サイズやピン配置，絶対最大定格，電気的特性が記載されている。

　このなかで，絶対最大定格は，瞬時たりとも超えてはならない限界値を示したもので，一瞬でも超えるとそのデバイスは，破損の危機にさらされるのである。リプルやノイズが重畳されることもあり，絶対最大定格値近くでの使用は避けなければならない。

　通常は，絶対最大定格の半分程度以下で使用するのが望ましい。それで，推奨動作条件か電気的特性に示される値で使用することになる。

　使用する電源や周波数範囲を考慮して，汎用タイプを選ぶのが，価格的にも無難である。特にアナログ回路では，低雑音，高速，高精度の集積回路は，価格が高いので要注意である。

増幅動作では，交点 A と B の中間の点 P（$V_G = V_{GP}$）を動作点にする。ゲート電圧を動作点を中心にして $\pm \Delta V_G$ 変化（点 D と C 間）させると，ドレーン電流は $\pm \Delta I_D$，ドレーン-ソース間電圧は $\pm \Delta V_D$ 変化することになり，増幅動作を行わせることができる。例えば，$\Delta V_G = 0.2$〔V〕で $\Delta V_D = 2$〔V〕であれば，電圧増幅度は 10 倍になる。

演 習 問 題

【1】 エミッタ接地増幅回路において，$V_{CC} = 12$〔V〕，$R_L = 1$〔kΩ〕のとき，図 **7.5** の特性に対し，負荷線を引け。

【2】 エミッタ接地トランジスタのスイッチング動作について説明せよ。

【3】 $V_{DD} = 6$〔V〕，$R_L = 1$〔kΩ〕のとき，図 **7.9** の特性に対し，負荷線を引け。

【4】 接合形トランジスタと比較した FET の特徴を説明せよ。

8

トランジスタ増幅回路

本章では，接合形トランジスタおよび電界効果形トランジスタの増幅回路の構成の仕方と等価回路による解析法について説明する。

8.1 接合形トランジスタ増幅回路

8.1.1 バイアス回路

接合形トランジスタ増幅回路では，動作点の直流ベース電流を与える**バイアス回路**（bias circuit）が必要である。バイアス回路周囲温度や電源変動に対しての安定動作が望まれるが，ここでは電源電圧を利用した基本的なバイアス回路について説明する。

〔1〕**オートバイアス回路**　図 8.1 は，オートバイアス回路（auto-bias circuit）を示したものである。直流のベース電流 I_B は，電源電圧 V_{CC} から，

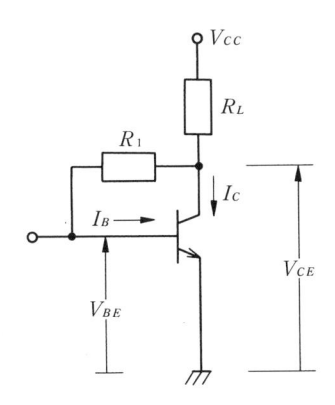

図 8.1　オートバイアス回路

負荷抵抗 R_L とバイアス抵抗 R_1 によって与えられる.

回路の直流の関係は

$$(I_B+I_C)\cdot R_L + V_{CE} = V_{CC} \qquad (8.1)$$

であり,**ベース電流**は

$$I_B = \frac{V_{CE} - V_{BE}}{R_1} \qquad (8.2)$$

となる.すなわち,ベース-エミッタ間電圧 V_{BE} を無視すれば

$$I_B = \frac{V_{CC} - I_C \cdot R_L}{R_L + R_1} \qquad (8.3)$$

となる.この式のマイナスの項は,ベース電流 I_B はコレクタ電流 I_C に関係し,コレクタ電流が増加すればベース電流を減少し,またその逆の動作をして,ベース電流を一定に保つように作用することを示している.

〔2〕 **ベースブリーダバイアス回路** 図 8.2 は,安定性の高いバイアス方式とされている**ベースブリーダバイアス回路**(base-bleeder bias circuit)を示したものである.

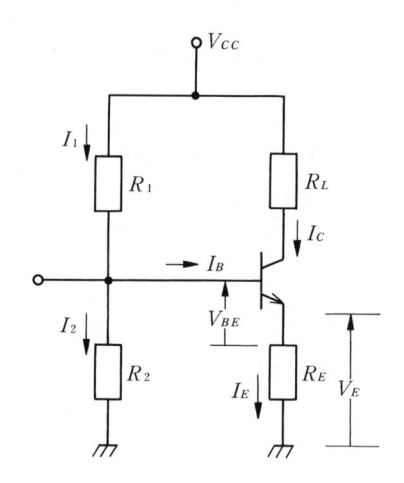

図 8.2 ベースブリーダバイアス回路

抵抗 R_1, R_2 は,**ブリーダ抵抗**とも呼ばれ,エミッタの抵抗 R_E とともにバイアス回路を構成している.

直流のベース電流の関係式は

$$I_B = \frac{V_{CC} - V_E - V_{BE}}{R_1} - \frac{V_E + V_{BE}}{R_2} \qquad (8.4)$$

となる。ただし

$$V_E = R_E \cdot I_E, \qquad I_E = I_B + I_C \qquad (8.5)$$

である。いま，$V_{BE}=0$ として，式 (8.4) と式 (8.5) から，I_B を求めると

$$I_B = \frac{R_2 \cdot V_{CC} - R_E \cdot (R_1 + R_2) \cdot I_C}{R_1 \cdot R_2 + R_E \cdot (R_1 + R_2)} \qquad (8.6)$$

となる。直流のベース電流は，直流のコレクタ電流 I_C に関係している。コレクタ電流の項にマイナスの符号が付いていることから，コレクタ電流が増加すればベース電流は減少し，また，その逆の動作をして，ベース電流を一定に保つように作用する。

8.1.2 基本増幅回路の回路構成

図 8.3 は，ベースブリーダバイアスによる実用的な基本増幅回路を示したものである。

コンデンサ C_i および C_o は，**結合コンデンサ**（カップリングコンデンサ：coupling capacitor）と呼ばれ，直流分を阻止し，信号分のみを伝送するため

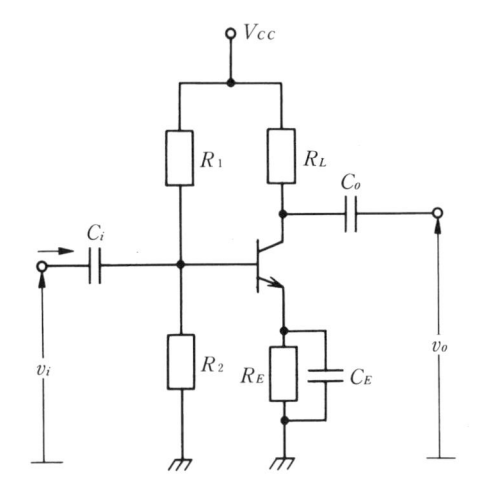

図 8.3 実用的な基本増幅回路

のものである．コンデンサ C_i は，信号源の直流電流分を通さずに信号分電流のみをベースへ伝送する．コンデンサ C_o は，交流分のみを出力するためのものである．

コンデンサ C_E は，**バイパスコンデンサ**（by-pass capacitor）と呼ばれる．抵抗 R_E は，動作点設定用の直流電圧を得るための抵抗であり，交流分の電圧が現れると動作点が変動する．このため，バイパスコンデンサは交流分をバイパスしてショートするためのものである．

通常の増幅回路では，電源電圧 V_{CC} が 9 V もしくは 12 V の場合，負荷抵抗 R_L は 1〜5 kΩ にして，ブリーダ抵抗 R_1 は，30〜100 kΩ，ブリーダ抵抗 R_2 は，R_1 の 1/2〜1/5 程度に選び，エミッタの抵抗 R_E は負荷抵抗 R_L の 1/10 以下にするのが一般的である．

なお，カップリングコンデンサは，扱う周波数にもよるが，おおむね 0.1〜0.01 μF 程度が一般的である．バイパスコンデンサは，電解タイプの 10〜50 μF 程度がよく使用される．

8.1.3 増幅回路の解析法

〔1〕 交流分回路とトランジスタの等価回路　　増幅回路の解析は，交流分（アナログ信号）に対する電圧増幅度，電流増幅度，電力増幅度，入力抵抗および出力抵抗を求めることである．このために，直流分を取り除いた交流分回路が使用される．

図 8.4 は，図 8.3 に示した増幅回路の**交流分回路**を示したものである．

交流分に対しては，直流電源はショートされるので，負荷抵抗 R_L の電源への接続端子はアースされる．また，ベースブリーダのバイアス抵抗は，電源端子がアースされているので，交流入力端子に対し並列にアースされることになる．したがって，入力端子への交流電流は，並列抵抗とベース端子へ分流されることになるので，バイアス抵抗は，交流入力電流に対しロスとして作用することになる．エミッタ抵抗 R_E は，バイパスコンデンサ C_E により交流分はショートされるので，交流分に対しては無視される．

8.1 接合形トランジスタ増幅回路

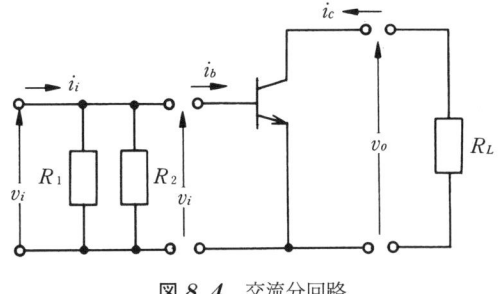

図 8.4 交流分回路

トランジスタの等価回路は，rパラメータ等価回路とhパラメータ等価回路が広く使用されている。

〔2〕 **トランジスタの等価回路1** rパラメータの基本となる等価回路は，図 3.8 に示した T 形等価回路がベース接地トランジスタに適応されもので，図 8.5 に示すように与えられる。

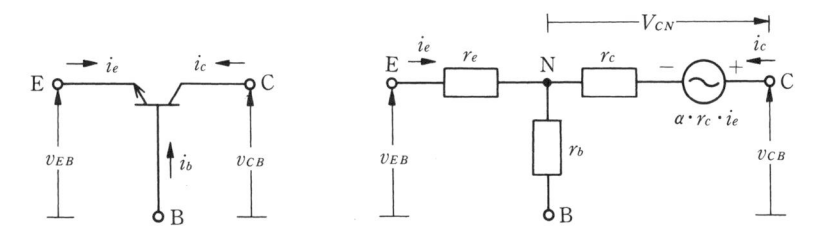

図 8.5 ベース接地 r パラメータ等価回路

rパラメータ等価回路では

  r_b：ベース抵抗 (base resistance)

  r_e：エミッタ抵抗 (emitter resistance)

  r_c：コレクタ抵抗 (collector resistance)

  α：ベース接地電流増幅率 (common base current amplification factor)

の四つのパラメータが使用される。

等価回路から，エミッタ-ベース間電圧 v_{EB} およびコレクタ-エミッタ間電圧

v_{CB} は，それぞれ

$$v_{EB} = (r_b + r_e) \cdot i_e + r_b \cdot i_c \tag{8.7}$$

$$v_{CB} = (r_b + a \cdot r_c) \cdot i_e + (r_b + r_c) \cdot i_c \tag{8.8}$$

となる。

エミッタ接地では，この等価回路のベース端子とエミッタ端子とを入れ替えし，コレクタの定電圧源をベース電流を使用するように変形する。

ベース接地の等価回路で，N点とコレクタ端子C間の電圧を V_{CN} とすれば

$$V_{CN} = a \cdot r_c \cdot i_e + r_c \cdot i_c \tag{8.9}$$

の関係がある。ただし，i_e はエミッタ電流で，i_c はコレクタ電流である。ベース電流を i_b とすると，電流間では

$$i_b + i_e + i_c = 0 \tag{8.10}$$

の関係があるから，式 (8.10) から i_e を求め，式 (8.9) に代入すれば

$$V_{CN} = r_c \cdot (1-a) \cdot i_c + (-a \cdot r_c \cdot i_b) \tag{8.11}$$

となる。すなわち，C-N間の電圧 V_{CN} は，コレクタ電流 i_c が抵抗 $r_c \cdot (1-a)$ に流れるときの電圧降下と $-a \cdot r_c \cdot i_b$ なる定電圧源の和になることを示している。したがって，**エミッタ接地等価回路**は，図 8.6 に示すようになる。この等価回路は，エミッタ接地 r パラメータ定電圧源等価回路と呼ばれる。

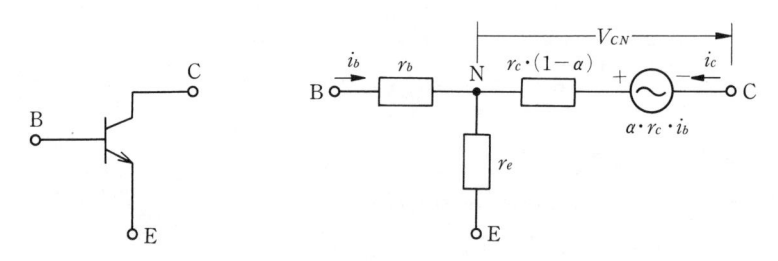

図 8.6 エミッタ接地 r パラメータ定電圧源等価回路

等価回路から，ベース-エミッタ間電圧 v_{BE} およびコレクタ-エミッタ間電圧 v_{CE} は，それぞれ

$$v_{BE} = (r_b + r_e) \cdot i_b + r_e \cdot i_c \tag{8.12}$$

$$v_{CE} = (r_e - a \cdot r_c) \cdot i_b + \{r_e + r_c \cdot (1-a)\} \cdot i_c \tag{8.13}$$

となる。

　等価回路には，定電圧源を用いるもののほか，定電流源も使用される。式 (8.11) を $r_c\cdot(1-\alpha)$ でくくると，V_{CN} は

$$V_{CN} = r_c\cdot(1-\alpha)\cdot\left[i_c+\left(-\frac{\alpha}{1-\alpha}\cdot i_b\right)\right] \tag{8.14}$$

となる。エミッタ接地電流増幅率 β を使用すれば

$$V_{CN} = r_c\cdot(1-\alpha)\cdot[i_c+(-\beta\cdot i_b)] \tag{8.15}$$

となる。この式は，抵抗 $r_c\cdot(1-\alpha)$ に，i_c なる電流と $-\beta\cdot i_b$ なる定電流源からの合成電流が流れたときの電圧降下であることを示している。したがって，等価回路は，図 8.7 に示すようになり，エミッタ接地 r パラメータ定電流源等価回路と呼ばれる。

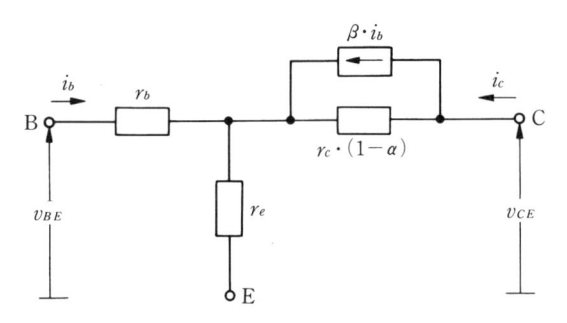

図 8.7　エミッタ接地 r パラメータ定電流源等価回路

　なお，コレクタ接地に対する r パラメータ等価回路は，図 8.6 および図 8.7 のエミッタ接地等価回路で，E 端子を出力側に，C 端子をアース側に入れ替えたものである。トランジスタ増幅回路では，エミッタ接地が一般的であるので，コレクタ接地についての説明は省略する。

　交流分回路におけるトランジスタ部分は，これらの等価回路に置き換えられて解析される。

〔**3**〕**トランジスタの等価回路 2**　トランジスタの等価回路には，図 3.10 に示した **h パラメータ等価回路**も広く利用されている。トランジスタの h

パラメータ等価回路は，各接地に対して等価回路の形は同じでパラメータの値が異なる。図 8.8 は，エミッタ接地 h パラメータ等価回路を示したものである。

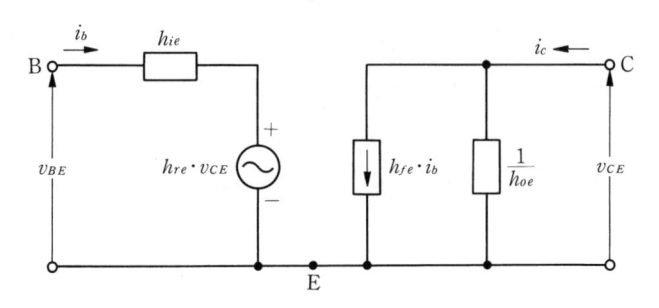

図 8.8 エミッタ接地 h パラメータ等価回路

各パラメータは

 h_{ie}：エミッタ接地入力抵抗（input resistance）

 h_{re}：エミッタ接地逆電圧比（reverse voltage ratio）

 h_{fe}：エミッタ接地電流比（forward current ratio）

 h_{oe}：エミッタ接地出力アドミタンス（output admittance）

である。パラメータの最後の添字の e はエミッタ接地を意味する。この添字が，b ではベース接地で，c ではコレクタ接地のパラメータを表す。

エミッタ接地 h パラメータ等価回路から，関係式は

$$v_{BE} = h_{ie} \cdot i_b + h_{re} \cdot v_{CE} \tag{8.16}$$

$$i_c = h_{fe} \cdot i_b + h_{oe} \cdot v_{CE} \tag{8.17}$$

となる。

8.1.4 増幅回路の解析

〔1〕 **r パラメータ等価回路による解析**　図 8.4 に示した交流分回路のトランジスタ部分を図 8.6 に示した r パラメータ定電圧源等価回路に置き換えて解析を試みる。

図 8.9 は，解析回路を示したものである。回路解析を簡単にするために，

8.1 接合形トランジスタ増幅回路

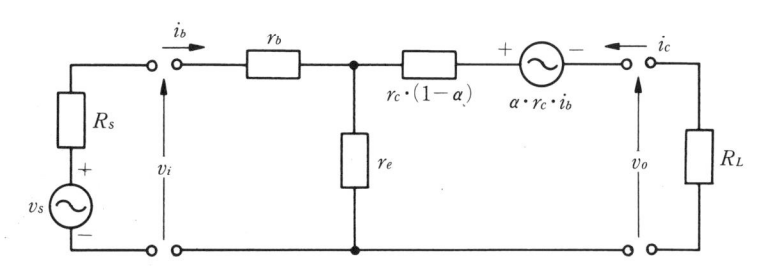

図 8.9 r パラメータ等価回路による解析回路

並列のバイアス抵抗は，トランジスタのベース-エミッタ間抵抗に比べはるかに大きいとして最初から無視する。また，抵抗 R_s は入力の信号源 v_s の内部抵抗である。

この回路から**回路方程式**を求めれば

$$v_i = (r_b + r_c) \cdot i_b + r_e \cdot i_c \tag{8.18}$$

$$v_o = (r_e - \alpha \cdot r_c) \cdot i_b + \{r_e + r_c \cdot (1-\alpha)\} \cdot i_c \tag{8.19}$$

$$v_o = -i_c \cdot R_L \tag{8.20}$$

となる。式 (8.20) で，マイナスの符号は，コレクタ電流の方向が負荷抵抗から流れ出る方向であるからである。i_b と i_c を求めるために，式 (8.20) を式 (8.19) に代入すれば

$$0 = (r_e - \alpha \cdot r_c) \cdot i_b + \{r_e + R_L + r_c \cdot (1-\alpha)\} \cdot i_c \tag{8.21}$$

の関係が得られるので，式 (8.18) と式 (8.21) から

$$i_b = \left(\frac{1}{\Delta}\right) \cdot \begin{bmatrix} v_i & r_e \\ 0 & r_e + R_L + r_c \cdot (1-\alpha) \end{bmatrix} \tag{8.22}$$

$$i_c = \left(\frac{1}{\Delta}\right) \cdot \begin{bmatrix} r_b + r_e & v_i \\ r_e - \alpha \cdot r_c & 0 \end{bmatrix} \tag{8.23}$$

となる。ただし

$$\Delta = \begin{bmatrix} r_b + r_e & r_e \\ r_e - \alpha \cdot r_c & r_e + R_L + r_c \cdot (1-\alpha) \end{bmatrix} \tag{8.24}$$

である。

1) 電圧増幅度　電圧増幅度 A_v は，入力信号電圧に対する出力信号電圧の比であり

$$A_v = \frac{v_o}{v_i} = -i_c \cdot \frac{R_L}{v_i} = (r_e - \alpha \cdot r_c) \cdot \frac{R_L}{\Delta} \tag{8.25}$$

となる。

2) 電流増幅度　電流増幅度 A_i は，入力信号電流に対する出力信号電流の比であり

$$A_i = \frac{i_c}{i_b} = \frac{(\alpha \cdot r_c - r_e)}{\{r_e + R_L + r_c \cdot (1-\alpha)\}} \tag{8.26}$$

となる。

3) 入力抵抗　入力抵抗 R_i は，入力側からみた回路の交流抵抗で，入力電流に対する入力電圧の比であり，式 (8.22) から，以下のようになる。

$$R_i = \frac{v_i}{i_b} = \frac{\Delta}{\{r_e + R_L + r_c \cdot (1-\alpha)\}} \tag{8.27}$$

4) 電力増幅度　電力増幅度 G は，入力電力に対する出力電力の比であり，次式になる。

$$G = \frac{i_c \cdot v_o}{i_b \cdot v_i} = A_i \cdot A_v = \frac{R_L}{R_i} \cdot \left(\frac{i_c}{i_b}\right)^2 = \frac{R_L}{R_i} \cdot (A_i)^2 \tag{8.28}$$

5) 出力抵抗　出力抵抗 R_o は，入力側の信号源を短絡 ($v_s = 0$) したときの，出力側からみた交流抵抗，すなわち，$R_o = v_o/i_c$ である。入力側で

$$v_i = -i_b \cdot R_s \tag{8.29}$$

の関係が成立する。式 (8.20) の代わりに式 (8.29) を用いて，式 (8.18) と式 (8.19) から計算する。式 (8.29) を式 (8.18) に代入すれば

$$0 = (r_b + r_e + R_s) \cdot i_b + r_e \cdot i_c \tag{8.30}$$

となる。この式と式 (8.19) から，コレクタ電流 i_c は

$$i_c = \left(\frac{1}{\Delta'}\right) \cdot \begin{bmatrix} r_b + r_e + R_s & 0 \\ r_e - \alpha \cdot r_c & v_o \end{bmatrix} \tag{8.31}$$

となる。ただし

$$\varDelta' = \begin{bmatrix} r_b + r_e + R_s & r_e \\ r_e - \alpha \cdot r_c & r_e + r_c \cdot (1-\alpha) \end{bmatrix} \tag{8.32}$$

である。したがって，出力抵抗 R_o は，次式で与えられる。

$$R_o = \frac{v_o}{i_c} = \frac{\varDelta'}{\{r_b + r_e + R_s\}} \tag{8.33}$$

〔2〕 **h パラメータ等価回路による解析** 図 8.10 は，エミッタ接地 h パラメータを使用した交流分回路の等価回路を示したものである。

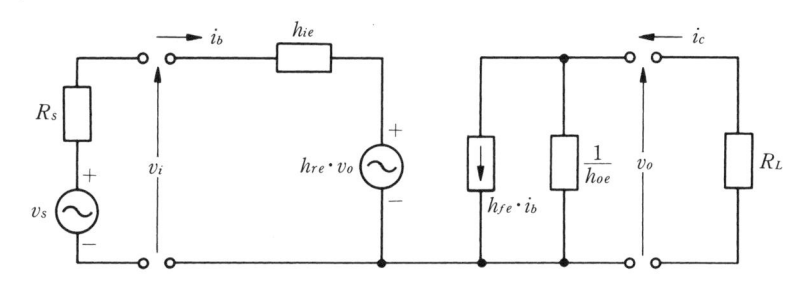

図 8.10 h パラメータ等価回路による解析回路

回路方程式は，以下のようになる。

$$v_i = h_{ie} \cdot i_b + h_{re} \cdot v_o \tag{8.34}$$

$$i_c = h_{fe} \cdot i_b + h_{oe} \cdot v_o \tag{8.35}$$

$$v_o = -i_c \cdot R_L \tag{8.36}$$

1） 電圧増幅度　$A_v = v_o / v_i$ の計算

式 (8.36) を式 (8.35) に代入して，i_c を消去して i_b を求める。

$$i_b = -\frac{v_o}{h_{fe}} \cdot \left(h_{oe} + \frac{1}{R_L} \right) \tag{8.37}$$

この式を式 (8.34) に代入して

$$A_v = \frac{v_o}{v_i} = -\frac{h_{fe} \cdot R_L}{h_{ie} + \varDelta h \cdot R_L} \tag{8.38}$$

となる。ただし

$$\varDelta h = h_{ie} \cdot h_{oe} - h_{fe} \cdot h_{re} \tag{8.39}$$

である。ここで，$\varDelta h \cdot R_L \ll h_{ie}$ とすると

$$A_v = -\frac{h_{fe}}{h_{ie}} \cdot R_L \tag{8.40}$$

となる。

2) 電流増幅度　　$A_i = i_c/i_b$ の計算

式 (8.36) を式 (8.35) に代入して，v_o を消去すると

$$A_i = \frac{i_c}{i_b} = \frac{h_{fe}}{1 + h_{oe} \cdot R_L} \tag{8.41}$$

となる。ここで，$h_{oe} \cdot R_L \ll 1$ とすれば

$$A_i = h_{fe} \tag{8.42}$$

となる。

3) 入力抵抗　　$R_i = v_i/i_b$ の計算

式 (8.35) を式 (8.36) に代入して，i_c を消去すると

$$v_o = -i_b \cdot \frac{h_{fe} \cdot R_L}{1 + h_{oe} \cdot R_L} \tag{8.43}$$

となる。この式を式 (8.34) に代入して

$$R_i = \frac{h_{ie} + \Delta h \cdot R_L}{1 + h_{oe} \cdot R_L} \tag{8.44}$$

となる。ここで，$1 \gg h_{oe} \cdot R_L$，$h_{ie} \gg \Delta h \cdot R_L$ であれば

$$R_i = h_{ie} \tag{8.45}$$

となる。

4) 電力増幅度　　$G = |A_i \cdot A_v|$ の計算

電力増幅度は，式 (8.28) に求めたのと同様にして，近似的には

$$G = (h_{fe})^2 \cdot \frac{R_L}{h_{ie}} \tag{8.46}$$

となる。

5) 出力抵抗　　$R_o = v_o/i_c$ の計算

式 (8.36) の代わりに，信号源を短絡（$v_s = 0$）して，入力側の関係

$$v_i = -i_b \cdot R_s \tag{8.47}$$

を用いて，式 (8.34) と式 (8.35) から，出力側の電圧 v_o と電流 i_c の関係を求めると，出力抵抗 R_o は

$$R_o = \frac{v_o}{i_c} = \frac{h_{ie} + R_s}{\Delta h + h_{oe} \cdot R_s} \tag{8.48}$$

となる。ここで，$\Delta h \gg h_{oe} \cdot R_s$，$h_{ie} \gg R_s$ のとき

$$R_o = \frac{1}{h_{oe}} \tag{8.49}$$

となる。以上，h パラメータにより，増幅回路の回路定数を求めたが，h パラメータそのものが，増幅回路の回路定数を近似的に表していることがわかる。

8.2 電界効果形トランジスタ増幅回路

8.2.1 基本増幅回路とバイアス

図 8.11 は，JFET を用いた基本増幅回路を示したものである。

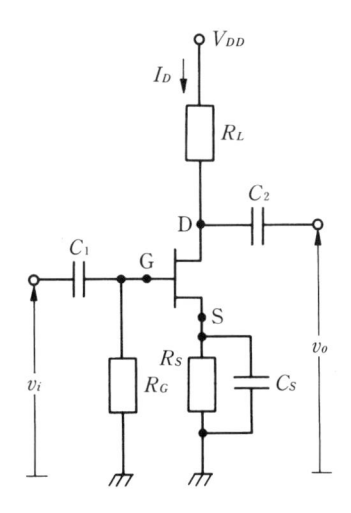

図 8.11 JFET を用いた基本増幅回路

JFET のドレーンには負荷抵抗 R_L を介して電源 V_{DD} に接続される。ゲートの抵抗 R_G とソースに接続した抵抗 R_s は動作点の電圧を与えるためのバイアス抵抗である。コンデンサ C_s は，バイパスコンデンサで交流分をショートするためのものである。コンデンサ C_i，C_o は直流分を阻止して交流分のみを通

すためのカップリングコンデンサである。

ソースの電位は抵抗 R_S の電圧降下によりアース点より高くなる。ゲートの抵抗 R_G によりアース点の電位がゲートに与えられるので，ソースを基準にしたG-S間の直流電圧 V_{GS} は

$$V_{GS} = -I_D \cdot R_S \qquad (8.50)$$

になる。すなわち負の電圧になる。この電圧を動作点のゲート電圧に設定するのである。通常の増幅回路では，電源電圧 V_{DD} が9Vもしくは12Vの場合，負荷抵抗 R_L は1～5kΩで，ソース側のバイアス抵抗 R_S は，10～100Ω程度である。ゲートの抵抗 R_G は，電位を伝えるためのもので電流を流す必要はないから，100～500kΩが使用される。カップリングコンデンサは，おおむね0.1～0.01μF程度が一般的で，バイパスコンデンサは，電解タイプの10～50μF程度がよく使用される。

8.2.2 交流分回路とFETの等価回路

〔**1**〕 **交流分回路**　図 8.11 に示した増幅回路で，交流分に対しては，直流電源はショートされるので，負荷抵抗 R_L の電源への接続端子はアースされる。また，バイパスコンデンサにより交流分がショートされるので，交流分に対しソースはアース点になる。ゲートの抵抗 R_G は非常に大きいので交流分に対しては無視する。したがって，**交流分回路は図 8.12 に示すようになる**。

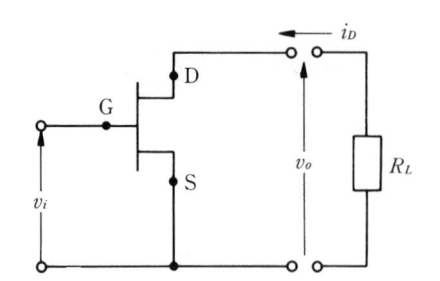

図 8.12　交流分回路

〔**2**〕 **FETの3定数と等価回路**　FETの交流分に対する関係式を求める。FETは，ゲートに電流が流れないので，**ドレーン電流 I_D は，ゲート電圧**

8.2 電界効果形トランジスタ増幅回路

V_G と**ドレーン電圧** V_D に依存する。このことを関数の形で表現すれば

$$I_D = f(V_G, V_D) \tag{8.51}$$

となる。各変化分 ΔI_D, ΔV_G, ΔV_D の関係は，テイラー展開の第1項近似によって

$$\Delta I_D = \left(\frac{\partial I_D}{\partial V_G}\right)\cdot \Delta V_G + \left(\frac{\partial I_D}{\partial V_D}\right)\cdot \Delta V_D \tag{8.52}$$

となる。FET には，以下の三つの定数が定義されている。

1) **相互コンダクタンス**（mutual conductance）：g_m

$$g_m = \frac{\partial I_D}{\partial V_G} \tag{8.53}$$

2) **ドレーン抵抗**（drain resistance）：r_D

$$r_D = \frac{\partial V_D}{\partial I_D} \tag{8.54}$$

3) **電圧増幅率**（voltage amplification factor）：μ

$$\mu = -\frac{\partial V_D}{\partial V_G} \tag{8.55}$$

これらの定数間には

$$\mu = g_m \cdot r_D \tag{8.56}$$

の関係がある。式 (8.52) から交流分の関係を求めるために

$$\Delta I_D = i_D, \quad \Delta V_G = v_G, \quad \Delta V_D = v_D \tag{8.57}$$

とおけば

$$i_D = (g_m \cdot v_G) + \frac{1}{r_D}\cdot v_D \tag{8.58}$$

となる。この式は，FET の等価回路を与えるための重要な式である。

式 (8.58) は，ドレーン電流 i_D が，定電流源（$g_m \cdot v_G$）の電流とドレーン抵抗 r_d を流れる電流の和であることを示しており，その**等価回路**は，**図 8.13** に示すようになる。

また，式 (8.58) は，電圧の関係で書き直すと

$$v_D = (-\mu \cdot v_G) + r_D \cdot i_D \tag{8.59}$$

となる。この式は，ドレーン電圧 v_D が，定電圧源（$-\mu \cdot v_G$）の電圧とドレー

110   8. トランジスタ増幅回路

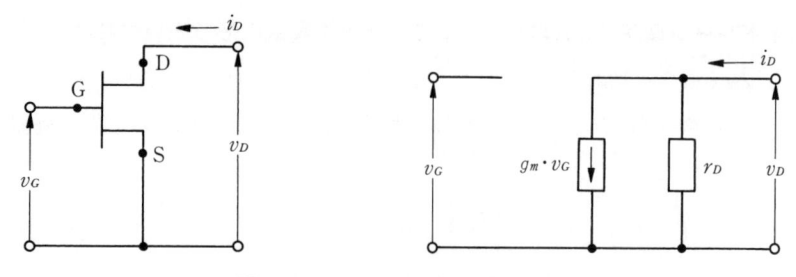

図 8.13 FET の定電流源等価回路

ン電流 i_D によるドレーン抵抗 r_D の電圧降下の和であることを示しており，その等価回路は図 8.14 に示すようになる．

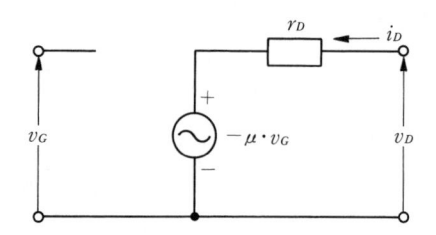

図 8.14 FET の定電圧源等価回路

いずれの等価回路もゲートには電圧を与えるだけで，ゲートに電流が流れないことを示している．

8.2.3 増幅回路の解析

図 8.12 に示した交流分回路に FET の定電圧源等価回路を当てはめると，図 8.15 に示すようになる．ここでは，電圧源のマイナスの符号をプラスにし，極性を反転させている．

電圧増幅度を求めてみる．回路電流 i_D および出力電圧 v_o は

$$i_D = \frac{\mu \cdot v_i}{r_D + R_L} \tag{8.60}$$

$$v_o = -i_D \cdot R_L \tag{8.61}$$

となる．これらの式から，電圧増幅度 $A_v = v_o/v_i$ は

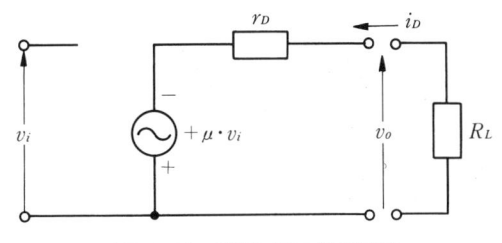

図 **8.15** 増幅回路の解析回路

$$A_v = \frac{v_o}{v_i} = -\frac{\mu \cdot R_L}{r_D + R_L} \qquad (8.62)$$

となる。マイナスの符号は，入力電圧と出力電圧の位相が180度異なることを示している。

演 習 問 題

【1】 オートバイアス回路で，$V_{cc}=6$ 〔V〕，$R_L=1$ 〔kΩ〕，$I_C=3$ 〔mA〕のとき，バイアス電流 I_B を 50 μA にしたい。バイアス抵抗 R_1 をいくらにすればよいか。

【2】 エミッタ接地の r パラメータ，α，r_b，r_e，r_c が与えられるとき，h パラメータ h_{ie}，h_{re}，h_{fe}，h_{oe} を求めよ。

【3】 エミッタ接地 r パラメータ回路において，$\alpha=0.99$，$r_b=500$ 〔Ω〕，$r_e=25$ 〔Ω〕，$r_c=1$ 〔MΩ〕である。負荷抵抗 $R_L=2$ 〔kΩ〕のとき，電圧増幅度 A_v，電流増幅度 A_i，入力抵抗 R_i および電力増幅度 G を求めよ。

【4】 エミッタ接地 h パラメータ回路において，$h_{ie}=1$ 〔kΩ〕，$h_{re}=2.5\times 10^{-4}$，$h_{fe}=50$，$h_{oe}=25$ 〔μS〕である。負荷抵抗 $R_L=2$ 〔kΩ〕のとき，電圧増幅度 A_v，電流増幅度 A_i，入力抵抗 R_i および電力増幅度 G を求めよ。

【5】 ソース接地 FET において，増幅率 $\mu=50$，ドレーン抵抗 $r_D=10$ 〔kΩ〕のとき，負荷抵抗 $R_L=2$ 〔kΩ〕にすると，回路の電圧増幅度 A_v はいくらになるか。

9

アナログ集積回路

　アナログ回路では，オペアンプが広く利用されており，オペアンプ集積回路が種類も豊富に市販されている。オペアンプは，ブラックボックスとして扱え，種々の演算機能が，受動デバイスを単に外付けすることにより実現できる特徴をもつ。この章では，オペアンプの基本機能と増幅回路の構成原理を解説し，応用回路について紹介する。

9.1　オペアンプの基本機能

9.1.1　オペアンプの特性

〔1〕 回路の記号と特徴　　オペアンプ (operational amplifier) は，演算増幅回路とも呼ばれる。図 9.1 はそのシンボルと等価回路を示したもので，グランド（アース）に対して，**反転入力**（－）と**非反転入力**（＋）の二つの入力端子（差動入力）をもち，出力端子は一つである。なお電源端子は通常省略される。

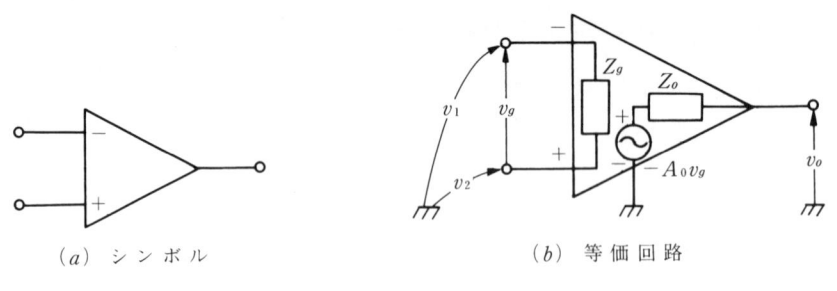

(a) シンボル　　　　　(b) 等価回路

図 9.1　オペアンプのシンボルと等価回路

等価回路において，Z_g は反転入力（－）と非反転入力（＋）間のインピーダンス（入力抵抗）で，Z_o は出力インピーダンス（出力抵抗）で，A_0 はオペアンプの電圧増幅度である。

反転入力電圧を v_1，非反転入力を v_2 とすると，出力電圧 v_o は

$$v_o = A_0 \cdot (v_2 - v_1) = -A_0 \cdot v_g \tag{9.1}$$

の関係になる。ただし，v_g は，非反転入力電圧を基準にした差動入力電圧である。オペアンプは，回路の特性として

① 入力抵抗が非常に高い。通常，$10\,\mathrm{M\Omega}$ 以上。

② 出力抵抗が非常に低い。通常，$100\,\Omega$ 以下。

③ 電圧増幅度が非常に高い。通常，$100\,\mathrm{dB}$ 以上。

の特徴がある。

〔2〕 **基本増幅回路**　図 **9.2** は，反転入力端子を利用した基本増幅回路（逆相増幅回路）の構成を示したものである。Z_i は入力側に接続する外部インピーダンス（抵抗）で，Z_f は出力側から入力側に接続する外部帰還インピーダンス（抵抗）である。v_i は入力電圧で，v_o は出力電圧である。i_i は入力電流，i_g はオペアンプへの入力電流で，i_f は外部帰還抵抗への電流である。

この回路の回路方程式は

$$v_i = i_i \cdot Z_i + v_g \tag{9.2}$$

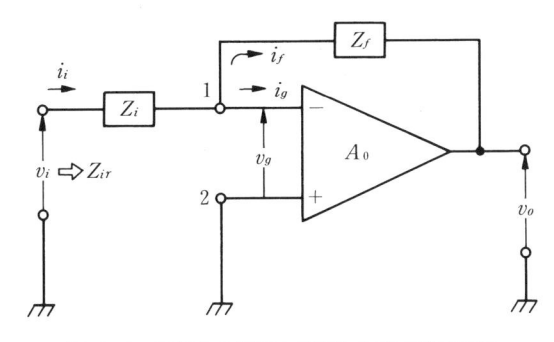

図 **9.2**　反転入力端子を利用した基本増幅回路

$$i_i = i_g + i_f \tag{9.3}$$

$$i_g = \frac{v_g}{Z_g} \tag{9.4}$$

$$i_f = \frac{v_g - v_o}{Z_f} \tag{9.5}$$

$$A_0 = -\frac{v_o}{v_g} \tag{9.6}$$

となる。これらの方程式から，回路全体の入力インピーダンス Z_{ir} を求める。

式 (9.2) と式 (9.3) より

$$Z_{ir} = \frac{v_i}{i_i} = Z_i + \frac{v_g}{i_g + i_f} \tag{9.7}$$

となる。式 (9.4)，式 (9.5) および式 (9.6) より

$$i_g + i_f = \frac{v_g}{Z_g} + v_g \cdot \frac{1 + A_0}{Z_f} \tag{9.8}$$

であるから，式 (9.8) を式 (9.7) に代入すれば

$$Z_{ir} = Z_i + \frac{1}{\frac{1}{Z_g} + \frac{1 + A_0}{Z_f}} \tag{9.9}$$

となる。ここで，オペアンプ回路の特性である，$Z_g \to \infty$ および $A_0 \to \infty$ の関係を代入すれば

$$Z_{ir} = Z_i \tag{9.10}$$

となる。この関係は，端子 1-2 間が，交流的には短絡（ショート）していることを意味する。すなわち，端子 1-2 間は，高い入力抵抗 Z_g をもつにもかかわらず，端子 1 は仮想接地点になる。したがって

$$v_g = 0, \quad i_g = 0 \tag{9.11}$$

の関係が成立する。式 (9.2)，式 (9.3) および式 (9.5) から

$$v_i = i_i \cdot Z_i, \quad i_i = i_f, \quad v_o = -i_f \cdot Z_f \tag{9.12}$$

となり，回路全体の電圧増幅度 A は

$$A = \frac{v_o}{v_i} = -\frac{Z_f}{Z_i} \tag{9.13}$$

と求められる。ここで，マイナス（−）の符号は，入力電圧と出力電圧の位相

が反転していることを表している。

式 (9.13) で示される回路全体の電圧増幅度は，オペアンプそのものの入力抵抗および電圧増幅度が高ければ，外部接続するインピーダンス（外部抵抗）のみで定まり，オペアンプの特性に関係しないことを意味している。

9.1.2 アナログ演算機能

図 9.2 に示した基本増幅回路で，接続する外部インピーダンス Z_i および Z_f に，抵抗やコンデンサを組み合わせることにより，アナログ演算回路を構成することができる。

〔1〕 **符号変換回路**　図 9.3 に示すように，$Z_i=Z_f=R$ として，同じ抵抗値を使用すれば，$A=-1$ となり，符号変換回路になる。

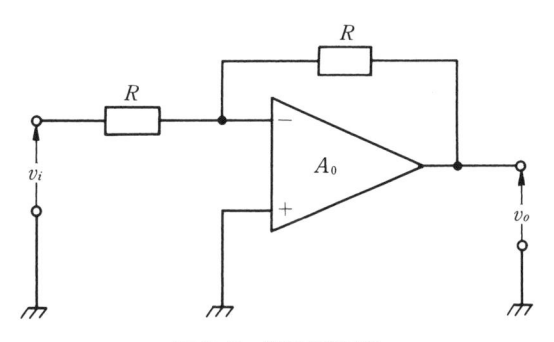

図 9.3　符号変換回路

〔2〕 **加算回路**　$Z_f=R_f$ とし，入力側の Z_i の部分を，抵抗 R を用いて，図 9.4 に示すように構成すれば，入力電流 i_i は，各電流 i_1, i_2 および i_3 の和になる。$v_o=-i_i \cdot Z_f$ の関係から，出力電圧 v_o は，つぎのように，入力電圧の和に比例した値が得られる。

$$v_o = -\left(\frac{R_f}{R_1} \cdot v_1 + \frac{R_f}{R_2} \cdot v_2 + \frac{R_f}{R_3} \cdot v_3\right)$$

$$R_1=R_2=R_3=R \;;\; v_o = -\frac{R_f}{R} \cdot (v_1+v_2+v_3) \tag{9.14}$$

〔3〕 **積分回路**　図 9.5 に示すように，$Z_i=R$（抵抗），$Z_f=C$（コンデンサ）とすれば，コンデンサに関して，その電荷を q とすると

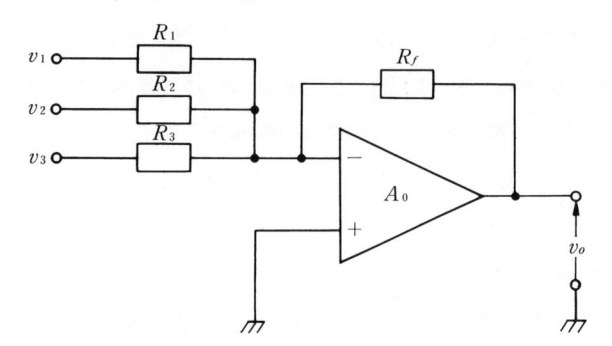

図 9.4　加算回路

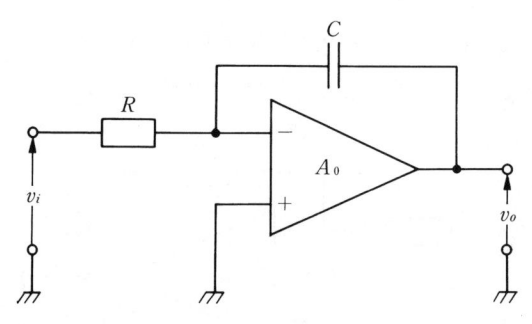

図 9.5　積分回路

$$q = C \cdot v_o, \quad i_f = -\frac{dq}{dt} \tag{9.15}$$

の関係から

$$v_o = -\frac{1}{C} \cdot \int i_f \cdot dt \tag{9.16}$$

となる。入力側に関して

$$i_i = i_f = \frac{v_i}{R} \tag{9.17}$$

である。したがって，出力電圧 v_o は

$$v_o = -\frac{1}{CR} \cdot \int v_i \cdot dt \tag{9.18}$$

となり，入力電圧 v_i を積分したものに比例する。

〔4〕 **微分回路** 図 9.6 に示すように,$Z_i = C$(コンデンサ),$Z_f = R$(抵抗)とすれば

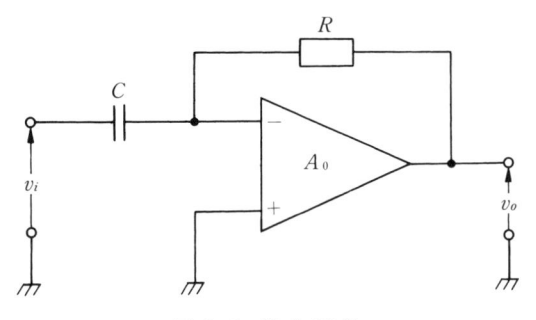

図 9.6 微 分 回 路

$$i_i = C \cdot \frac{dv_i}{dt}, \quad v_o = -R \cdot i_i, \quad i_i = i_f \qquad (9.19)$$

の関係から,出力電圧 v_o は

$$v_o = -CR \cdot \frac{dv_i}{dt} \qquad (9.20)$$

となり,入力電圧 v_i を微分したものに比例する。

9.2 オペアンプ増幅回路

オペアンプは,二つの入力端子をもつので,増幅回路には,逆相増幅回路,正相増幅回路および差動増幅回路の三つの回路構成がある。

9.2.1 逆相増幅回路

これは,図 9.7 に示すように,反転入力端子に抵抗 R_i を接続し,非反転入力端子をアースした回路構成で,図 9.3 に示した基本増幅回路で,$Z_i = R_i$,$Z_f = R_f$ とした構成と同じである。この増幅回路を**逆相増幅回路**または**反転増幅回路**と呼ぶ。

出力電圧 v_o は,式(9.13)の関係から

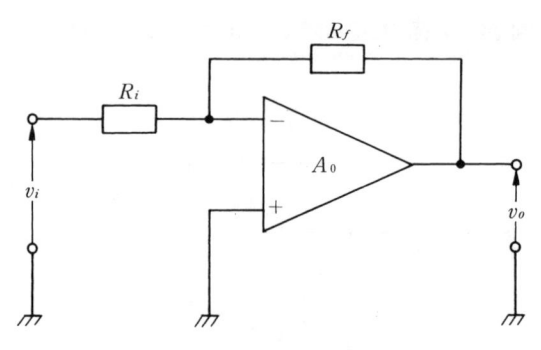

図 9.7 逆相増幅回路

$$v_o = -\frac{R_f}{R_i} \cdot v_i \qquad (9.21)$$

であり，入力電圧の位相を反転したものとなる。増幅度の設定は，付加する抵抗値の比で設定できる特徴がある。

なお，抵抗値の設定範囲や周波数特性については，オペアンプの特性に依存するので，使用するオペアンプの特性をマニュアルでチェックしておかなければならない。

9.2.2 正相増幅回路

図 9.8 に示すように，反転入力端子は抵抗 R_i を介してアースし，非反転入力端子に入力電圧 v_i を加えるようにした回路構成を**正相増幅回路**または**非反転増幅回路**と呼ぶ。

端子1において，電流の関係を求める。端子1の電圧は，$(v_g + v_i)$ であるから

$$i_i = -\frac{v_g + v_i}{R_i}, \qquad i_f = \frac{(v_g + v_i) - v_o}{R_f} \qquad (9.22)$$

となる。$i_i = i_f$ で，$v_g = 0$ であるから，出力電圧 v_o は

$$v_o = \left(1 + \frac{R_f}{R_i}\right) \cdot v_i \qquad (9.23)$$

となる。この場合，出力電圧は，入力電圧と同相になる。

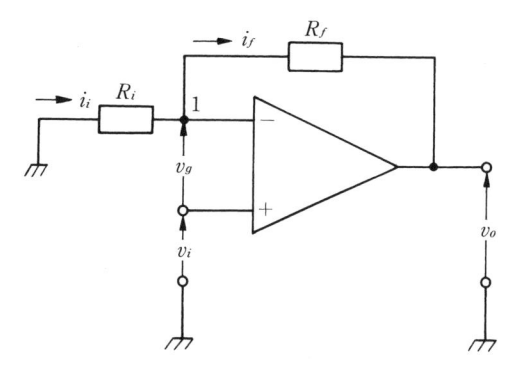

9.2 オペアンプ増幅回路　119

図 9.8　正相増幅回路

9.2.3　差動増幅回路

差動増幅回路は，図 9.9 に示すように，二つの入力端子に，それぞれ，抵抗 R_i を介して入力電圧 v_1 および v_2 を入力する回路である．

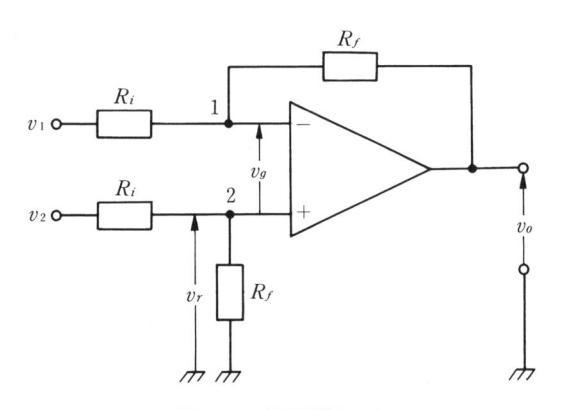

図 9.9　差動増幅回路

アースと非反転入力端子間の電圧（端子 2 の電圧）を v_r とする．電圧 v_r は，入力電圧 v_2 を抵抗 R_i と R_f で分圧したものであり

$$v_r = \left(\frac{R_f}{R_i + R_f}\right) \cdot v_2 \tag{9.24}$$

となる．端子 1 の電流 i_i と i_f を求めると

$$i_i = \frac{v_1 - (v_g + v_r)}{R_i}, \quad i_f = \frac{(v_g + v_r) - v_o}{R_f} \qquad (9.25)$$

となる。$v_g = 0$ として，$i_i = i_f$ より，出力電圧 v_o を計算すると

$$v_o = -\frac{R_f}{R_i}(v_1 - v_2) \qquad (9.26)$$

となる。すなわち，入力電圧の差 ($v_1 - v_2$) が増幅されることを意味する。

差動増幅回路では，入力側の同相成分が除去される（**同相電圧除去機能**と呼ぶ）ので，雑音成分を除去する目的で使用される場合が多い。

図 **9.10** は，センサからの微小信号を増幅するオペアンプ増幅回路を示したものである。センサからの信号電圧が，1 mV で雑音電圧が 1 V とする。

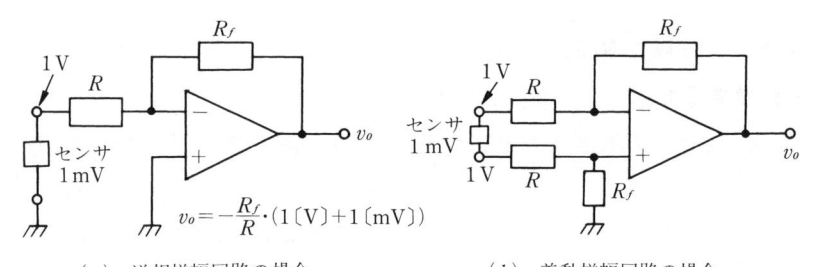

(a) 逆相増幅回路の場合　　　(b) 差動増幅回路の場合

図 **9.10** 微小信号増幅回路

逆相増幅回路の場合では，雑音成分も増幅されるが，差動増幅回路の場合には，同相電圧除去機能により，信号成分のみが増幅される。

9.3 オペアンプ IC 応用回路

9.3.1 汎用オペアンプによるセンサ信号用増幅回路

〔1〕 **汎用オペアンプ IC**　図 **9.11** は，汎用オペアンプ IC の最も簡単な例として，8 ピンの 1 回路 IC（μA 741）のピン配置を示したものである。

この IC は，プラスとマイナスの二つの電源端子（V_{CC+} と V_{CC-}）とオフセット補償端子（N_1 と N_2）をもち，二つの入力端子（IN_- と IN_+）と出力端子

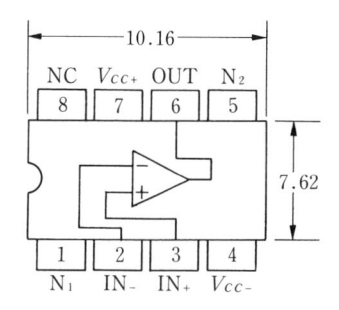

図 **9.11** 1回路IC（μA 741）

(OUT) で構成されている．NC 端子は，フリー端子である．

電気的仕様や基本特性などは，マニュアルに記載されているが，**絶対最大定格**は，一瞬でも超えるとデバイスが破壊に至る恐れのある値を記載したもので，電源電圧，入力電圧，消費電力などの電気的条件のほか，使用温度範囲が定められている．この IC の電源電圧 V_{cc+} および V_{cc-} の絶対最大定格は，それぞれ，22 V および -22 V である．

オフセット（offset）は，入力が 0 の場合に出力に電圧が現れて緩やかに変動することをいい，出力電圧を 0 に調整することを，オフセット補償という．補償の仕方はマニュアルに記載されている．また，オペアンプの応答速度を示すのに，**スルーレート**（through rate）という用語も使用される．これは，入力端子に最大ステップ電圧を加えたときの出力電圧の時間変化率を表したもので，単位は V/μs で表示される．

〔2〕 **センサ信号用増幅回路**　センサからの微小電圧変化を増幅するためには，オペアンプ 1 段の差動増幅回路では不十分の場合が多い．このような場合，図 **9.12** に示すようなオペアンプの組合せによる計測用増幅回路が使用される．

この回路は，熱電対による温度計測用の回路で，全体として 400 倍の電圧増幅度が得られる．

122   9. アナログ集積回路

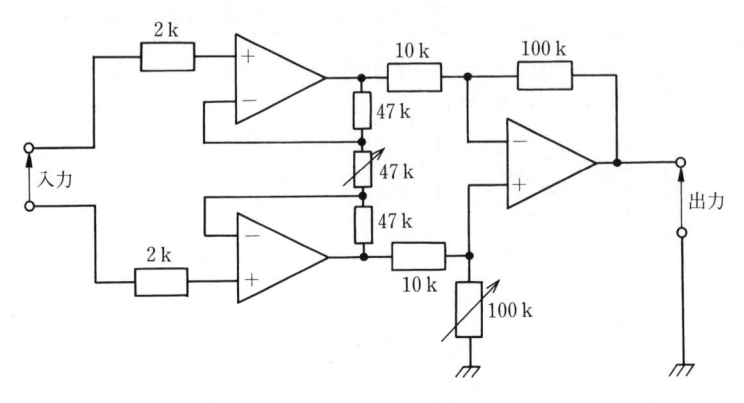

図 9.12　計測用増幅回路

9.3.2　オペアンプ応用機能

オペアンプは，これまで述べたアナログ信号処理のほか，差動入力の一方を基準とした電圧比較を行わせ，基準値を超えれば出力に大きな電圧信号を生じさせることができる。このような回路は，**コンパレータ**（comparator）と呼ばれる。

図 **9.13** は，最も基本的なコンパレータ IC のサンプル（LM 111）を示したものである。

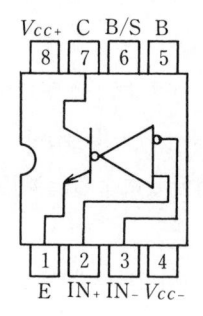

図 9.13　コンパレータ IC（LM 111）

この IC は，プラスとマイナスの二つの電源端子をもつが単一電源動作も行える。オペアンプの出力はオープンコレクタのベースに内部接続されている。オープンコレクタの IC は，電源が異なる回路間の信号伝送や大きな電流容量

が必要なときに使用される。なお、バランス端子（BおよびB/S）は、オフセットの調整に使用される。

コンパレータICは、ゼロクロス検出回路、ピーク検出回路ならびにパルス発振回路等に使用されている。また、A-D変換ICの構成要素としても利用されている。

図 9.14 は、単一電源による**ゼロクロス検出回路**の例を示したものである。入力電圧が 0V を超えると出力に電源電圧に近い電圧を出力する。

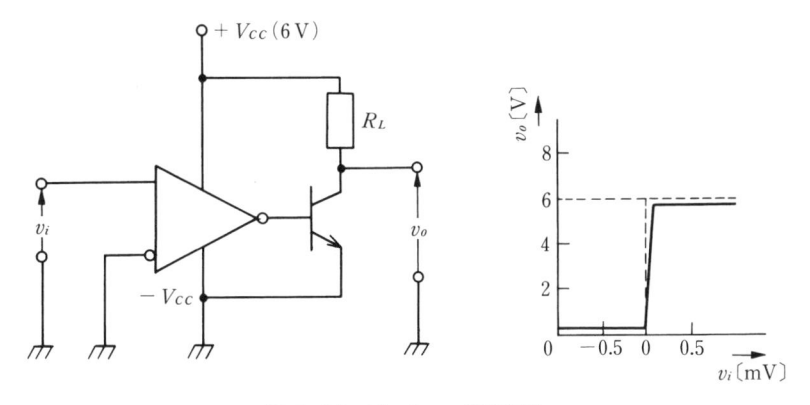

図 9.14 ゼロクロス検出回路

演 習 問 題

【1】 オペアンプICの特徴を説明せよ。

【2】 オペアンプの基本増幅回路（反転増幅回路）の回路方程式より、v_i と v_o の関係を求め、回路全体の電圧増幅度 A を計算せよ。

【3】 オペアンプによる積分回路を示し、出力電圧 v_o が入力電圧 v_i の積分になっていることを式で示せ。

【4】 オペアンプ正相増幅回路で、$R_i=5$ 〔kΩ〕、$R_f=60$ 〔kΩ〕 にすると、回路の電圧増幅度 A_v はいくらになるか。

【5】 差動増幅回路の特徴を説明せよ。

10

ディジタル集積回路

　ディジタル集積回路（ディジタルIC）は，論理ゲートICの小規模集積回路をはじめマイクロプロセッサやメモリICなどの大規模集積回路に至るまで種類も多く市販されている。集積回路の中身はブラックボックスとしてとらえ，回路機能（入出力の関係）を効果的に活用すること（使い方）が重要である。

　多くのディジタルICは，論理ゲートを基本要素として構成されている。本章では，ディジタル集積回路の基本である論理ゲートICの特性について説明する。

10.1 ディジタルICの分類と変遷

10.1.1 ディジタルICの分類

　ディジタルICは，その構成デバイスから分類すると，図**10.1**に示すように，接合形トランジスタを基本構成要素としたバイポーラ系と電界効果形トランジスタを基本構成要素としたユニポーラ系に大別される。

　バイポーラ系では**TTL**（transistor transistor logic）が，ユニポーラ系で

```
ディジタルIC ┬ バイポーラ系 ─── TTL IC ┬ 標準タイプ
             │ （接合形トランジスタ）   ├ ショットキータイプ
             │                          ├ ローパクータイプ
             │                          └ アドバンストタイプ
             └ ユニポーラ系 ─── MOS IC ┬ p-MOSタイプ
               （MOS FET）              ├ n-MOSタイプ
                                        └ C-MOSタイプ
```

図**10.1**　構成デバイスからのディジタルICの分類

はCMOS (complementary-MOS) が主流であるが，TTLとCMOSを混成したICもある。

ディジタルICを集積度から分類すると，**表10.1**に示すようになる。

表10.1 集積度からのディジタルICの分類

種類		素子数	例
SSI	small scale integrated circuit	100以下	ゲートIC フリップフロップIC
MSI	middle scale integrated circuit	100〜1 000	カウンタIC 小規模メモリIC
LSI	large scale integrated circuit	1 000以上	マイクロプロセッサ インタフェースIC
VLSI	very large scale integrated circuit	100 000以上	1チップマイコン 大規模メモリIC
SLSI	super large scale integrated circuit	500 000以上	

SSIには，標準のゲートICやフリップフロップICなどが属し，MSIにはカウンターICや小規模メモリICなどで，LSIにはマイクロプロセッサやインタフェースICなどで，VLSIにはワンチップマイクロコンピュータや大規模メモリICが属する。

10.1.2 ディジタルICの変遷

1965年ごろにTTL系のゲートICが市販されるようになり，ディジタル回路がICの組合せで構成されるようになった。当初は標準のICで応等速度は10 nsであったが，1980年代には，応等速度が1.5 nsのものが出現した。CMOSは1970年ごろに出現し，応等速度は100 ns程度でTTL系よりははるかに劣っていたが，低消費電力（15 μW）の点で優れていた。

技術開発が進み，1980年代に入ると，TTL系とコンパチブルなCMOS系が市販されるに至った。このような標準のゲートICの開発のみならず，ある使用目的用のカスタムICの開発も1980年代に精力的に行われ，カスタムICの設計には，コンピュータを用いた**CAD** (computer aided design) 手法が導入された。

CAD手法により，ストックされている標準の機能ブロックを組み合わせることにより，仕様に対応したICすなわち，**ASIC** (application specific IC) が開発された。

ASICには，ゲートアレー (gate array) やPLD (programmable logic device) などがあり，少量品種用のICの製作が，低コストでできるようになった。

一方，1970年には，8ビットマイクロプロセッサ (microprocessor) が開発され，マイクロコンピュータ（マイコン）が実現した。以来，マイコンはパーソナルコンピュータとしての発展と機器組み込み型のディジタル回路（コントローラ）としての発展をしてきた。マイコンは，各種ディジタル回路機能をプログラムでソフト的に構成することができ，高機能電子回路部品としてディジタル回路の中心になってきている。

また，1970年には光ファイバが実用化され，半導体レーザやホトダイオードなどの光半導体デバイスの発展とともに，光情報通信が普及するようになった。そして，パソコンの高機能化とディジタル情報通信の進展により情報化社会が形成されるようになった。

以来，家電製品，計測機器，情報機器などの電子回路は集積回路化され，小形化と高信頼化が進んできた。

ディジタル集積回路には数えられないほどの多くの種類があるが，その基本は論理ゲートICである。以下，論理ゲートICの基本的な特性について説明する。

10.2 TTL IC

10.2.1 TTL IC の動作原理

最も基本的な論理ゲートICは，14ピンDIP (dual inline package) タイプのNANDゲートICである。図 **10.2** は，14ピンDIPタイプICの外観と**NANDゲート**の配置を示したものである。

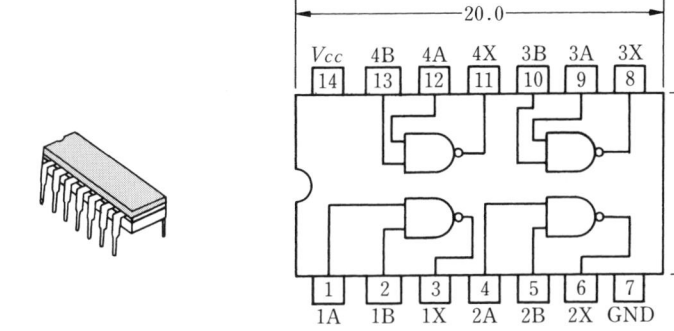

図 10.2 14ピンDIPタイプICとNANDゲート配置

ピン番号は，くぼみを左にし上から見て左下端から反時計回りに設定されているので，基板の裏側の配線では，ピン番号との対応を間違えないように注意しなければならない。このICには，四つのNANDゲートが配置されていて，ピン14が電源（V_{cc}）の端子で，ピン7がグランド（GND）端子である。

NANDゲートの基本回路構成は，図 10.3 に示すように，接合形トランジスタ，ダイオードならびに抵抗で構成されている。

ゲートICを動作させる電源電圧 V_{cc} は，直流5Vである。トランジスタは

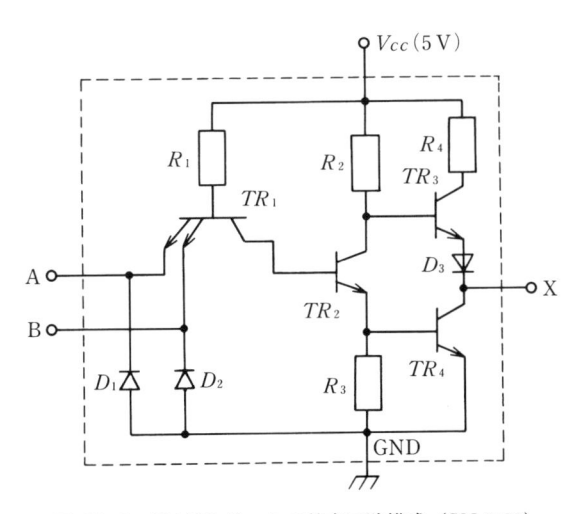

図 10.3 NANDゲートの基本回路構成（SN 7400）

スイッチとして動作する．入力のトランジスタ TR_1 は，マルチエミッタトランジスタと呼ばれ，入力 A，B の少なくとも一方が L レベル電圧（約 0.2 V）であれば，TR_1 は，ベースからエミッタに電流が流れるようになり，オン状態になる．TR_1 のコレクタは，TR_2 のベース電流を引き出すように作用するので，TR_2 はオフ状態になる．TR_3 には R_2 を介してベース電流が流れ，TR_3 はオン状態になる．TR_4 にはベース電流は流れないので，TR_4 はオフ状態になる．したがって，出力 X は，H レベル電圧状態（約 3.4 V）になる．

一方，二つの入力がともに H レベル電圧のときには，TR_1 は，オフ状態になり，TR_1 ベースからコレクタに電流が流れるようになる．このコレクタ電流は，TR_2 のベースに流れ込むので，TR_2 はオン状態になる．このとき，TR_3 のベースには電流が流れず，TR_4 のベースに電流が流れるようになる．ダイオード D_3 はレベルシフトダイオードと呼ばれ，TR_3 のエミッタ電位を持ち上げてベースに電流が流れないように作用する．したがって，TR_3 はオフ状態で，TR_4 はオン状態になる．すなわち，出力 X は，L レベル電圧状態（約 0.2 V）になる．

以上の動作によって，この回路は，**表 5.2** のファンクションテーブルに示した NAND 動作を実行する．

実際のゲートの内部回路は，高速化，低消費電力化，温度対策などを考慮してきわめて複雑になっているが，ユーザは内部回路をブラックボックスとみなし，マニュアルに記載されている電気的特性や使用条件を参考にして，要求される機能を構成するのである．

10.2.2　TTL IC の電気的特性

TTL IC の特性は，**図 10.4** に示すように，NAND ゲートの二つの入力を一つにまとめたインバータ接続（NOT ゲート）したときの状態で示される．

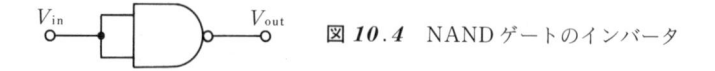

図 10.4　NAND ゲートのインバータ

〔**1**〕 **入出力電圧特性**　図 **10.5** は，ゲート出力に次段ゲートを接続した状態で，入力電圧 V_{in} を徐々に加えていくときの，出力電圧 V_{out} の変化する様子を示したものである。

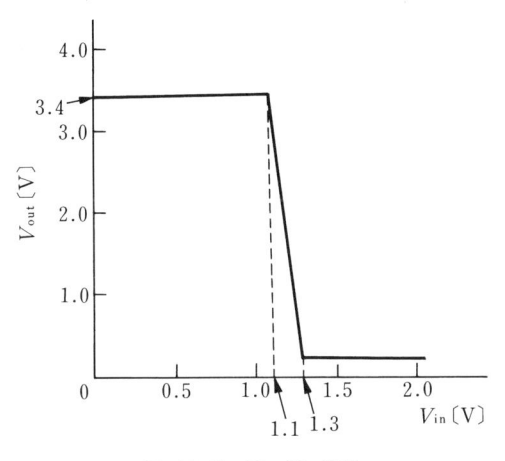

図 **10.5**　V_{in}-V_{out} 特性

この図は，入力電圧 V_{in} が，0.8V 以下（L レベル入力）では，出力電圧 V_{out} が 3.4V（H レベル出力）であり，V_{in} が，2.0V 以上（H レベル入力）では，V_{out} が 0.2V（L レベル出力）になることを示している。通常の論理動作では，入力電圧が 0.8V から 2.4V の範囲は，使用されない。

〔**2**〕 **伝播特性**　ゲート IC の応答速度は，**伝播遅延時間**（propagation delay time）t_{pd} で表される。図 **10.6** は，ゲート入力へパルス電圧を加えるときの出力パルスとの時間関係を示したものである。

t_{pd} は，入力パルスと出力パルスの 50％ 振幅値における時間差 t_1 および t_2 の平均値，すなわち

$$t_{pd} = \frac{t_1 + t_2}{2} \tag{10.1}$$

で与えられる。標準 IC の t_{pd} は，3ns 以下である。

〔**3**〕 **ゲート電流の流れ**　図 **10.7** は，NAND ゲート出力に次段のゲートを接続したときの，出力側と次段の入力側の状態を示したものである。

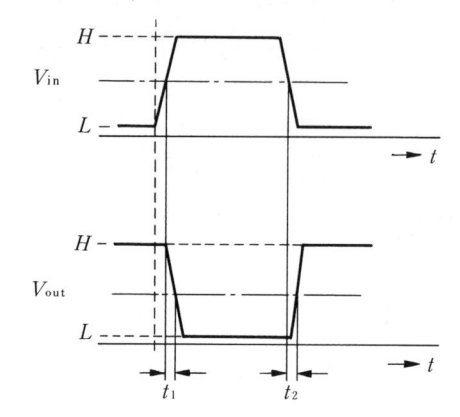

図 10.6 ゲート IC のパルス応答

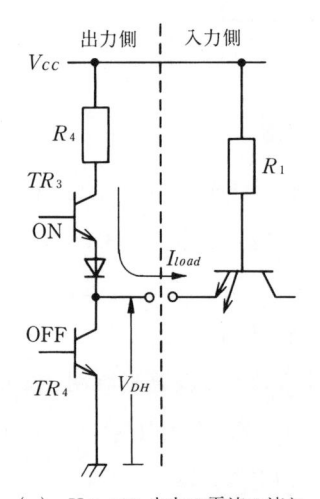

(a) H レベル出力の電流の流れ

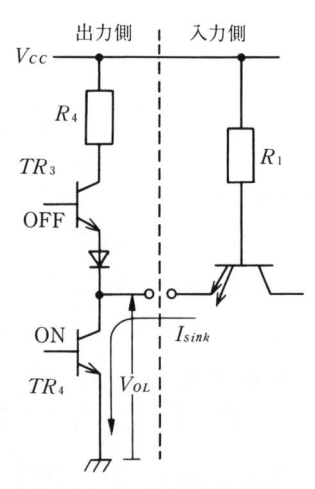

(b) L レベル出力の電流の流れ

図 10.7 ゲート出力の電流の流れ

出力が H レベル電圧状態のとき，出力段のトランジスタは，TR_3 がオン状態で TR_4 がオフ状態であるから，TR_3 のエミッタから次段のマルチエミッタトランジスタ TR_1 のエミッタへ**負荷電流**（load current）I_{load} が流れる。

一方，出力が L レベル電圧状態のとき，出力段のトランジスタは，TR_3 がオフ状態で TR_4 がオン状態であるから，次段のマルチエミッタトランジスタ

TR_1 のエミッタから，TR_4 のコレクタへ**シンク電流**（sink current）I_{sink} が流れ込む．

7400 の IC では，TR_3 および TR_4 のオン時の最大許容電流は，すなわち，最大負荷電流は 400 μA で最大シンク電流は 16 mA であり，次段の 1 入力に対する負荷電流は 40 μA で，シンク電流は 1.6 mA である．

一つのゲート出力で，次段のゲートをいくつ駆動できるかの数をファンアウト（fan out）数というが，この場合には，10 になる．

負荷電流やシンク電流の値および許容電流などは IC の種類によって異なるので，実際にディジタル回路を構成する場合には，マニュアルを参照して，電気的特性や使用条件から IC を選択しなければならない．

10.3 CMOS IC

10.3.1 CMOS IC の構成と動作原理

CMOS IC の基本回路は，図 **10.8** に示すように，p チャネルと n チャネルの MOS-FET（metal oxide semiconductor FET）を相補形に接続した **CMOS**（complementary MOS）インバータ（NOT ゲート）である．

CMOS インバータは，抵抗やダイオードを含まず，MOS-FET のみで構成される点に特徴がある．

入力電圧 V_{in} が H レベル電圧のとき，p-MOS はオフ状態で，N-MOS がオン状態になり，出力 V_{out} は L レベル電圧になる．一方，入力電圧 V_{in} が L レベル電圧のとき，p-MOS はオン状態で，N-MOS がオフ状態になり，出力 V_{out} は H レベル電圧になる．

いずれの場合も，オフ状態の MOS が負荷抵抗の役割を果たすが，回路電流は，オフ時のしゃ断電流となる．また，MOS はゲートへの電圧で動作し，ゲートに電流は流れない．したがって，CMOS は本質的に低消費電力デバイスである．

132　10. ディジタル集積回路

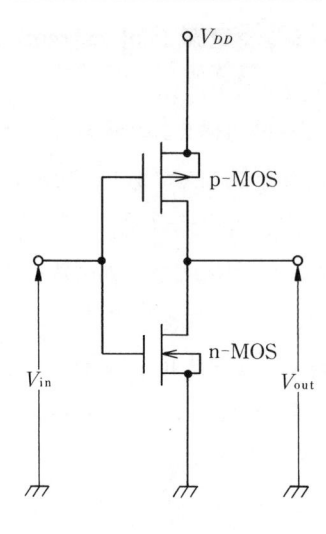

図 10.8　CMOS インバータ（NOT ゲート）

10.3.2　CMOS NAND ゲートと電気的特性

〔1〕 **CMOS NAND ゲート回路**　図 10.9 は，CMOS による **NAND ゲート回路**の構成を示したものである。

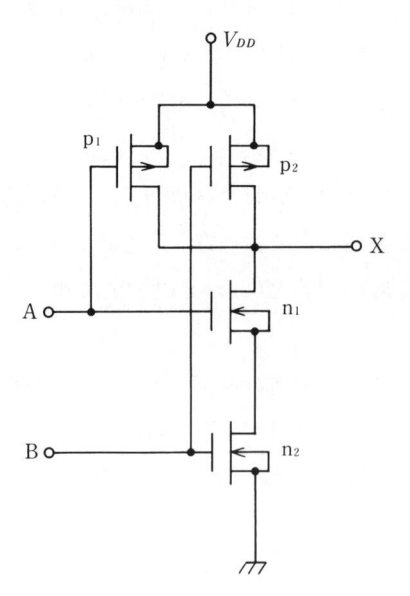

図 10.9　CMOS による NAND ゲート回路

入力 A に対しては，p_1 と n_1 で CMOS インバータが，入力 B に対しては，p_2 と n_2 で CMOS インバータが，それぞれ形成されている。

CMOS では，入力が H レベル電圧のときには，p-MOS がオフ状態で，n-MOS がオン状態になり，入力が L レベル電圧のときには，その逆になる。したがって，入力 A，B がともに H レベル電圧状態のときのみ，n_1-MOS と n_2-MOS が同時にオン状態になり，出力 X は L レベル電圧状態になる。それ以外の入力の組合せでは，p-MOS の少なくとも一方はオン状態で，n-MOS の少なくとも一方はオフ状態になるので，出力 X は H レベル電圧状態になる。すなわち，**表 5.2** に示した NAND 動作を行う。

〔2〕 **電気的特性**　CMOS では，オフの MOS が負荷抵抗の代わりをするので，回路電流は MOS の遮断電流であるから非常に小さいし，ゲートには電流は流れない。したがって，消費電力は，15μW 程度になる。

10.4　ディジタル IC の機能特性

ディジタル IC には，入出力の論理機能に加えて，電気的に特別の機能を付加した IC がある。

10.4.1　オープンコレクタ IC

オープンコレクタ（open collector）IC は，**図 10.10** に示すように，ゲー

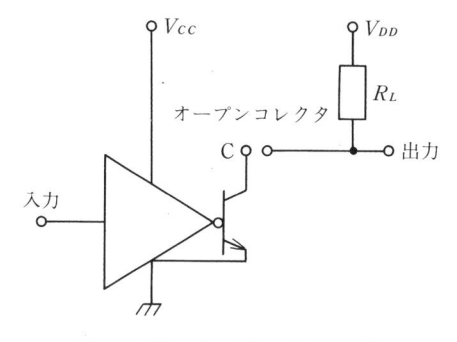

図 10.10　オープンコレクタ IC

トの出力にトランジスタを付加した構成で，コレクタ端子 C が出力ピンに引き出された（オープンコレクタ状態）IC である。コレクタには負荷抵抗を介して電源に接続しなければならない。したがって，この IC は異種電源間の信号伝送を容易にするインタフェース機能と最大シンク電流以上の大きな負荷電流を必要とする場合のドライバ機能をもつ。

コーヒーブレイク

マイコンの話

　1970 年にマイクロプロセッサ（microprocessor）が開発され，マイクロコンピュータ（microcomputer）が出現した。マイクロプロセッサは，別名 CPU とも呼ばれるが，演算部，制御部およびデータの一時記憶機能の 3 要素で構成されていて，これまでの大形や中形のコンピュータでの中央処理装置（central processing unit）の機能が一つの集積回路すなわち LSI（large scale integrated circuit）に組み込まれたことによる。マイクロコンピュータ（マイコン）は，この CPU に ROM（read only memory）と RAM（random access memory）の IC メモリやインタフェース（interface）IC を組み合わせて構成される。現在では，ワンチップマイコンとして一つの集積回路で構成したものが主流である。

　マイコンは，超小形の高機能電子部品として，家電製品をはじめ，時計や電話など多くの機器にコントローラとして組み込まれている。必要とする回路機能をプログラムによって作成し，ROM に焼き付けることができるからである。ROM は，電源を切っても焼き付けたプログラムは壊れず，プログラムは記憶されたままであり，電源を入れればプログラムは走るのである。マイコンでは，ソフトウェア（プログラム）は，ROM に焼き付けてハードウェア化できる点に大きな特徴がある。マイコンは，高機能電子部品としての道のほか，パーソナルコンピュータ（パソコン）としての道およびゲーム機器としての道をそれぞれ歩むことになる。

　マイコンのお陰で世の中は大きく変化した。生産設備の自動化が進み，ロボットが作業をするようになった。パソコンの普及とともに光ファイバによるディジタル情報通信網が世界中に張り巡らされ，インターネットが一般的に行われるようになり，携帯電話が爆発的に広まった。

　これから先どうなるか，なかなか予測もつきにくいが，技術の進歩に驚くばかりである。

10.4.2 スリーステイト IC

スリーステイト（three state）IC は，論理に関する入出力端子のほかに，制御入力端子 C をもった IC である．制御入力 C が，H レベル電圧か L レベル電圧かによって，論理出力を出力端子に出力させるかさせないかの制御を行わせることができる．出力させる状態を**アクティブ状態**（active state），出力させない状態を**ハイインピーダンス状態**（high impedance state）と呼ぶ．ハイインピーダンス状態では，IC 内部で入力側と出力側とが電気的に遮断される分離機能をもつ．したがって，この IC は，動作させる IC の選択制御や動作のタイミング制御に使用される．

図 10.11 は，スリーステイト IC の例を示したものである．図 (a) では，制御入力が H レベル電圧のときにアクティブ状態になり，制御入力が L レベル電圧のときにハイインピーダンス状態になる．図 (b) では，制御入力が L レベル電圧のときにアクティブ状態になり，H レベル電圧のときにハイインピーダンス状態になる．

(a) H レベル電圧でアクティブ状態

(b) H レベル電圧でアクティブ状態

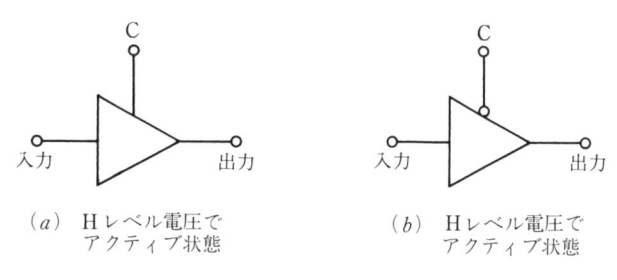

図 10.11　スリーステイト IC

演 習 問 題

【1】 TTL NAND ゲートのシンク電流について説明せよ．

【2】 CMOS インバータについて説明せよ．

【3】 オープンコレクタ IC とスリーステイト IC について，説明せよ．

11

フィルタ回路

フィルタ (filter) は，必要とする周波数範囲の信号成分を通過させ，それ以外の周波数範囲の信号成分を減衰させる回路である．本章では，オペアンプを使用したアクティブフィルタ回路について述べる．

11.1 フィルタの基本特性

フィルタ回路では，通過させる周波数範囲を**通過帯** (pass band) といい，減衰させる周波数範囲を**減衰帯** (attenuation band) と呼ぶ．

フィルタには，通過帯域の設定の仕方により，つぎの4種類がある．
① 低域パス（ローパス）フィルタ (low pass filter)
② 高域パス（ハイパス）フィルタ (high pass filter)
③ 帯域パス（バンドパス）フィルタ (band pass filter)
④ 帯域除去（バンドエリミネーション）フィルタ (band ellimination filter)

図 *11.1* は，これらのフィルタについて，周波数 f に対するゲイン G の関係，すなわち伝達特性を示したものである．

フィルタ回路の入力電圧を v_i，出力電圧を v_o とするとき，ゲイン $G(j\omega)$ は

$$G(j\omega) = \frac{v_o}{v_i} \qquad (11.1)$$

であり，ゲインが $1/\sqrt{2}$ になる周波数は，フィルタの特性を示す重要な周波数であり，遮断周波数と呼ばれる．

11.1 フィルタの基本特性

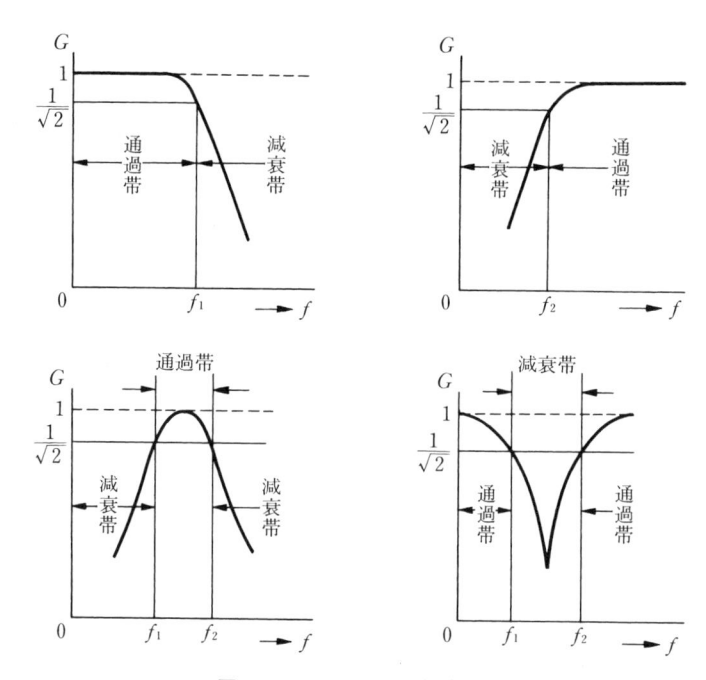

図 11.1 フィルタの伝達特性

フィルタ回路には，受動デバイスのみで構成された**パッシブフィルタ**（passive filter）と能動デバイスに受動デバイスを組み合わせた**アクティブフィルタ**（active filter）とがある。

アクティブフィルタの専用ICが種々市販されており，マニュアルに従って外部的に動作条件を設定すれば，所望のフィルタ特性が実現できるようになっている。

ここでは，フィルタの基本特性を理解するために，オペアンプによるアクティブフィルタ回路について説明する。

オペアンプによる回路方式には

① シングルフィードバック形 (single feedback type)

② マルチフィードバック形 (multiple feedback type)

③ 電圧ソース形 (voltage controlled voltage source type)

などがある。ここでは，フィルタ回路の基本を理解するために①および②に

ついて説明し，③については紙面の都合で割愛する。

11.2 シングルフィードバック形フィルタ回路

11.2.1 基本回路構成

シングルフィードバック形フィルタ（single feedback type filter）の基本回路は，**図 11.2** に示すように，オペアンプの入力段に Z_1 および Z_2 のインピーダンスを接続する簡単な回路構成である。オペアンプは，**ユニティゲイン**（unity gain）（増幅度が 1）の増幅回路として使用される。

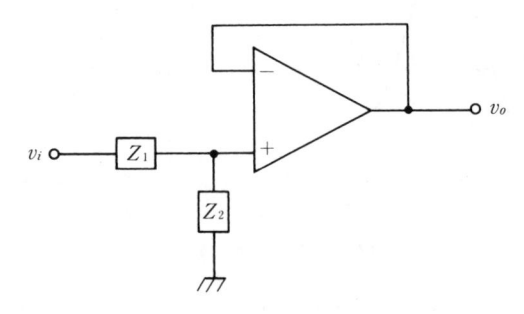

図 11.2 基本回路構成

Z_1 と Z_2 には，抵抗 R またはコンデンサ C を使用して，積分回路または微分回路を形成することにより，低域または高域のフィルタが構成できる。遮断周波数は，時定数（time constant）$\tau = RC$ によって決まる。なお，帯域フィルタは，低域回路と高域回路の縦続接続で構成される。

11.2.2 低域パスフィルタ回路

低域パスフィルタ回路は，**図 11.3** に示すように，Z_1 に抵抗 R，Z_2 にコンデンサ C を使用した積分回路により構成できる。なお，抵抗 R_f は，オペアンプをユニティゲイン増幅させるために付加した帰還抵抗で，$R_f = R$ にする。

コンデンサの端子間電圧を v_c とすると

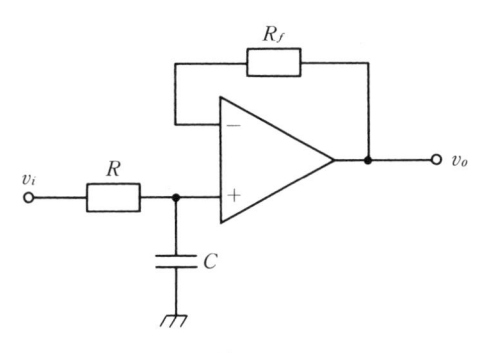

図 11.3 低域パスフィルタ回路

$$v_c = \frac{\frac{1}{j\omega C}}{R + \frac{1}{j\omega C}} \cdot v_i \tag{11.2}$$

の関係が成立する。オペアンプは，ユニティゲインで使用されるから，$v_c = v_o$ である。したがって

$$\frac{v_o}{v_i} = \frac{\frac{1}{j\omega C}}{R + \frac{1}{j\omega C}} = \frac{1}{1 + j\omega CR} \tag{11.3}$$

となる。回路のゲイン $|G|$ は

$$|G| = \left|\frac{v_o}{v_i}\right| = \frac{1}{\sqrt{1 + (\omega CR)^2}} \tag{11.4}$$

となる。遮断周波数 f_1 は

$$f_1 = \frac{1}{2\pi CR} \tag{11.5}$$

となる。

11.2.3 高域パスフィルタ回路

図 11.4 は，Z_1 にコンデンサ C，Z_2 に抵抗 R を使用した微分回路構成による**高域パスフィルタ回路**である。

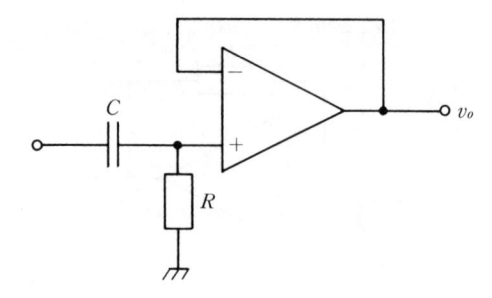

図 11.4 高域パスフィルタ回路

出力電圧 v_o は

$$v_o = \frac{R}{\frac{1}{j\omega C} + R} \cdot v_i \tag{11.6}$$

となり，回路のゲイン G は

$$|G| = \left|\frac{v_o}{v_i}\right| = \frac{1}{\sqrt{1+\left(\frac{1}{\omega CR}\right)^2}} \tag{11.7}$$

となる。遮断周波数 f_2 は

$$f_2 = \frac{1}{2\pi CR} \tag{11.8}$$

となる。

11.3 マルチフィードバック形フィルタ回路

11.3.1 基本回路構成

マルチフィードバック形フィルタ (multi feedback type filter) の基本回路は，図 **11.5** に示すように，オペアンプを反転増幅回路として使用し，$Z_1 \sim Z_5$ に，抵抗 R またはコンデンサ C を用いてフィルタ回路を構成するものである。抵抗 R とコンデンサ C の与え方により，低域，高域および帯域の各フィルタを構成することができる。

11.3 マルチフィードバック形フィルタ回路

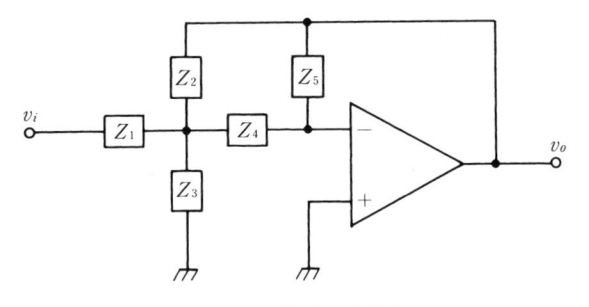

図 11.5 基本回路構成

11.3.2 低域パスフィルタ回路

図 **11.6** は，$Z_1=R_1$，$Z_2=R_2$，$Z_3=1/j\omega C_3$，$Z_4=R_4$，$Z_5=1/j\omega C_5$ とした**低域パスフィルタ**の回路構成を示したものである。

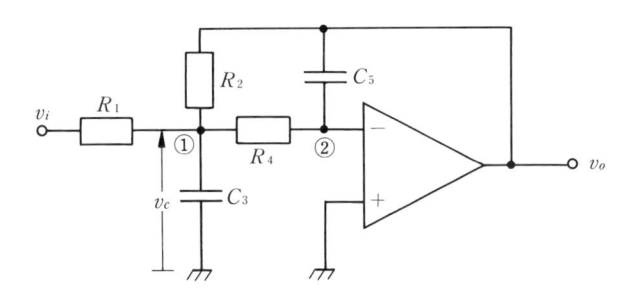

図 11.6 低域パスフィルタの回路構成

回路の特性を計算するために，節点①および②における電流の関係を求める。

節点①において

$$\frac{v_i-v_c}{R_1} = \frac{v_c}{\dfrac{1}{j\omega C_3}} + \frac{v_c}{R_4} + \frac{v_c-v_o}{R_2} \tag{11.9}$$

の関係が成立する。ただし，v_c は節点①とアース間の電圧（コンデンサ C_3 の端子間電圧）である。

節点②において,オペアンプの-端子は,仮想接地で,しかも電流は流れないから

$$\frac{v_c}{R_4}=\frac{0-v_o}{\frac{1}{j\omega C_5}} \tag{11.10}$$

となり,v_c は

$$v_c=-j\omega C_5 R_4 \cdot v_o \tag{11.11}$$

となる。式(11.11)を式(11.9)に代入して,v_i と v_o の関係を求めると

$$\frac{v_o}{v_i}=\frac{-\dfrac{1}{C_3 C_5 R_1 R_4}}{-\omega^2+j\omega \cdot \dfrac{1}{C_3}\left(\dfrac{1}{R_1}+\dfrac{1}{R_2}+\dfrac{1}{R_3}\right)+\dfrac{1}{R_2 R_4 C_3 C_5}} \tag{11.12}$$

となる。なお,遮断周波数 f_1 は

$$f_1=\frac{1}{2\pi\sqrt{R_2 R_4 C_3 C_5}} \tag{11.13}$$

で与えられる。

11.3.3 高域パスフィルタ回路

高域パスフィルタ回路は,図 11.5 の基本回路で,$Z_1=1/j\omega C_1$, $Z_2=1/j\omega C_2$, $Z_3=R_3$, $Z_4=1/j\omega C_4$, $Z_5=R_5$ とすることによって得られる。図 11.7 は,高域フィルタの回路構成を示したものである。

節点①および②における電流の関係は

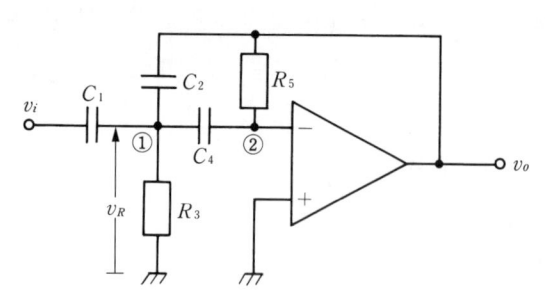

図 11.7 高域パスフィルタの回路構成

$$\frac{v_i - v_R}{\dfrac{1}{j\omega C_1}} = \frac{v_R}{R_3} + \frac{v_R}{\dfrac{1}{j\omega C_4}} + \frac{v_R - v_o}{\dfrac{1}{j\omega C_2}} \qquad (11.14)$$

$$\frac{v_R}{\dfrac{1}{j\omega C_4}} = -\frac{v_o}{R_5} \qquad (11.15)$$

となる。入力電圧 v_i に対する出力電圧 v_o の関係は

$$\frac{v_o}{v_i} = \frac{\omega^2 C_1}{-\omega^2 + j\omega \cdot \dfrac{(C_1 + C_2 + C_4)}{C_2 C_4 R_5} + \dfrac{1}{C_2 C_4 R_3 R_5}} \cdot \frac{1}{C_2} \qquad (11.16)$$

となる。なお，遮断周波数 f_2 は

$$f_2 = \frac{1}{2\pi\sqrt{C_2 C_4 R_3 R_5}} \qquad (11.17)$$

で与えられる。

11.3.4 帯域パスフィルタ回路

帯域パスフィルタ回路は，図 **11.5** に示した基本回路で，$Z_1 = R_1$, $Z_2 = 1/j\omega C_2$, $Z_3 = R_3$, $Z_4 = 1/j\omega C_4$, $Z_5 = R_5$ に選ぶことにより実現できる。

図 **11.8** はその回路構成を示したものである。帯域フィルタにおいて，高域遮断周波数を f_2, 低域遮断周波数を f_1 とすれば，通過帯域幅 B は

$$B = f_2 - f_1 \qquad (11.18)$$

となり，フィルタの中心周波数 f_0 は

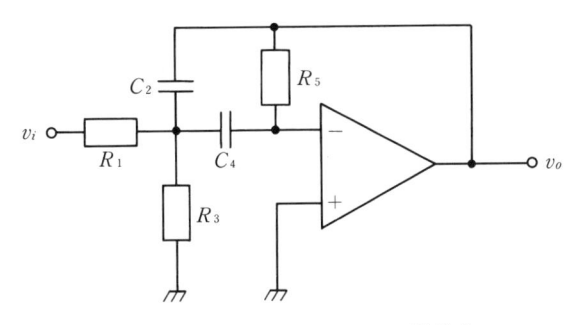

図 **11.8** 帯域パスフィルタの回路構成

11. フィルタ回路

$$f_0 = \sqrt{f_1 \cdot f_2} \tag{11.19}$$

となる．節点①および②における電流の関係は

$$\frac{v_i - v_R}{R_1} = \frac{v_R}{R_3} + \frac{v_R}{\dfrac{1}{j\omega C_4}} + \frac{v_R - v_o}{\dfrac{1}{j\omega C_2}} \tag{11.20}$$

$$\frac{v_R}{\dfrac{1}{j\omega C_4}} = \frac{-v_o}{R_5} \tag{11.21}$$

となる．入力電圧 v_i に対する出力電圧 v_o の関係は

$$\frac{v_o}{v_i} = \frac{-j\omega \cdot \dfrac{1}{R_1 C_2}}{-\omega^2 + j\omega \cdot \left(\dfrac{1}{C_2 R_5} + \dfrac{1}{C_4 R_5}\right) + \dfrac{1}{C_2 C_4 R_5}\left(\dfrac{1}{R_1} + \dfrac{1}{R_3}\right)} \tag{11.22}$$

となる．なお，中心周波数 f_0 および通過帯域幅 B は，それぞれ

$$f_0 = \frac{1}{2\pi} \frac{\sqrt{\left(1 + \dfrac{R_3}{R_1}\right)}}{\sqrt{C_2 C_4 R_3 R_5}} \tag{11.23}$$

$$B = \frac{1}{2\pi} \left(\frac{1}{C_2 R_5} + \frac{1}{C_4 R_5} \right) \tag{11.24}$$

で与えられる．

演 習 問 題

【1】 シングルフィードバック形の低域パスフィルタ回路で，$R = R_f = 10$ 〔kΩ〕，$C = 0.01$ 〔μF〕のとき，遮断周波数 f_1 はいくらになるか．

【2】 マルチフィードバック形の低域パスフィルタ回路で，$R_1 = R_2 = 10$ 〔kΩ〕，$C_3 = 0.5$ 〔μF〕，$R_4 = 5$ 〔kΩ〕，$C_5 = 0.1$ 〔μF〕のとき，遮断周波数 f_1 はいくらになるか．

【3】 マルチフィードバック形の高域パスフィルタ回路で，$C_1 = C_2 = C_4 = 0.1$ 〔μF〕，$R_3 = 10$ 〔kΩ〕，$R_5 = 25$ 〔kΩ〕のとき，遮断周波数 f_2 はいくらになるか．

【4】 マルチフィードバック形の帯域パスフィルタ回路で，$R_1 = 10$ 〔kΩ〕，$C_2 = C_4 = 0.01$ 〔μF〕，$R_3 = 3$ 〔kΩ〕，$R_5 = 40$ 〔kΩ〕にすると，中心周波数 f_0 はいくらになるか．

12

光デバイス回路

　光半導体技術の進歩に伴って，光が電子系に活用されるようになり，オプトエレクトロニクス（optoelectronics）と呼ばれる技術が，通信，計測，制御などの広い分野に応用されている．この章では，半導体で構成された光デバイスと回路について解説する．

12.1　光デバイスの種類

半導体による光デバイスを分類すると，表 12.1 に示すようになる．

表 12.1　半導体光デバイスの種類

種　類	デバイス
発光デバイス	発光ダイオード，レーザダイオード
ディスプレイデバイス	LED ディスプレイ，液晶ディスプレイ
受光デバイス	ホトダイオード，ホトトランジスタ
光センサデバイス	赤外線センサ，イメージセンサ
複合デバイス	ホトカプラ，ホトインタラプタ
光機能デバイス	光 SCR，光トライアック
光制御デバイス	ソリッドステートリレー
光起電力デバイス	太陽電池

　光デバイスは，電気信号を光信号に変換する発光デバイス，光信号を電気信号に変換する受光デバイス（光検出デバイス）が基本であるが，発光と受光のデバイスを組み合わせた複合デバイスや光機能デバイスなどがある．
　発光デバイスは，化合物半導体（GaAs 系，InP 系など）で構成され，受光

デバイスは，単結晶系（Si，Ge）ならびに化合物半導体（InGaAs）で構成されている。

光デバイスには光の波長特性があるので，発光デバイスと受光デバイスの波長特性の整合に留意して，デバイスを選択しなければならない。

12.2 発光デバイスと回路

発光デバイスには，**発光ダイオード**（LED：light emitting diode）と**半導体レーザ**（LD：laser diode）が代表的である。ここでは，LEDの特性と駆動回路について説明する。

12.2.1 LED の 特 性

図 12.1 は，LEDの電圧-電流（V_D-I_F）特性〔図(a)〕ならびに順方向電流 I_F と発光強度 L の関係〔図(b)〕を示したものである．

（a）電圧-電流特性

（b）順方向電流 I_F と発光強度 L の関係

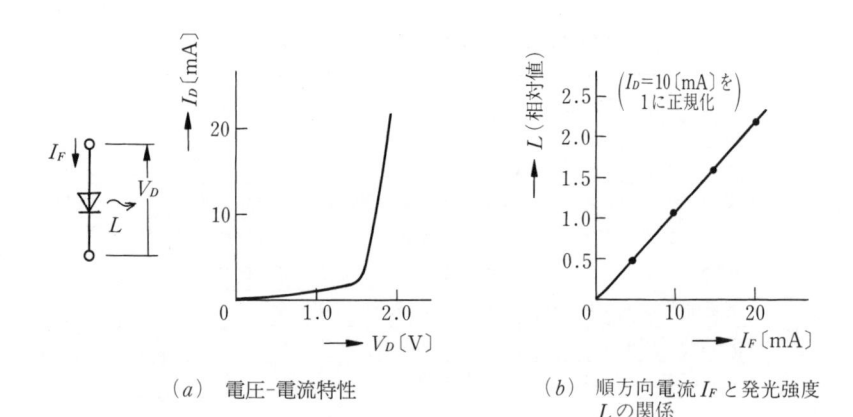

図 12.1 LEDの特性

LEDは，通常のpn接合ダイオードと同様の電圧-電流特性を示し，順方向電流により発光する。発光強度は，ほぼ順方向電流に比例する。

12.2.2 駆動回路

〔1〕 **直流発光回路**　図 12.2 は，最も簡単な直流発光回路〔図(a)〕と負荷線の関係〔図(b)〕を示したものである。

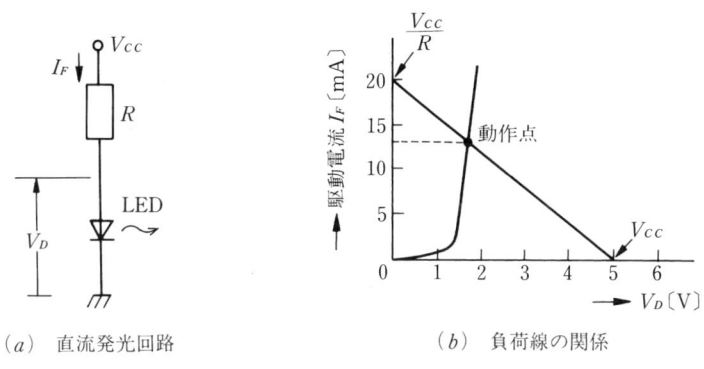

(a)　直流発光回路　　　　　(b)　負荷線の関係

図 12.2　直流発光回路と負荷線の関係

LED は，負荷抵抗 R を介して，直流電源 V_{CC} に接続することにより発光するが，駆動電流を I_F，端子間電圧を V_D とすると

$$I_F \cdot R + V_D = V_{CC} \tag{12.1}$$

の関係が成立する。したがって，抵抗の値 R は

$$R = \frac{V_{CC} - V_D}{I_F} \tag{12.2}$$

となる。式 (12.1) より，**負荷線の式**は

$$I_F = -\frac{1}{R} \cdot V_D + \frac{V_{CC}}{R} \tag{12.3}$$

となり，図(b)は，LED の特性と負荷線の関係を示したものである。電源電圧 V_{CC} と抵抗の値 R を定めれば，負荷線を引くことができ，LED には動作点の電流が流れることになる。

〔2〕 **ゲート IC による発光回路**　図 12.3(a)は，NAND ゲート IC による発光回路を示したものである。LED のカソード側はゲート出力に接続され，アノード側は負荷抵抗を介して電源 V_{CC} に接続される。

ゲートへの入力が H レベルのとき，ゲート出力は L レベルになる。このと

12. 光デバイス回路

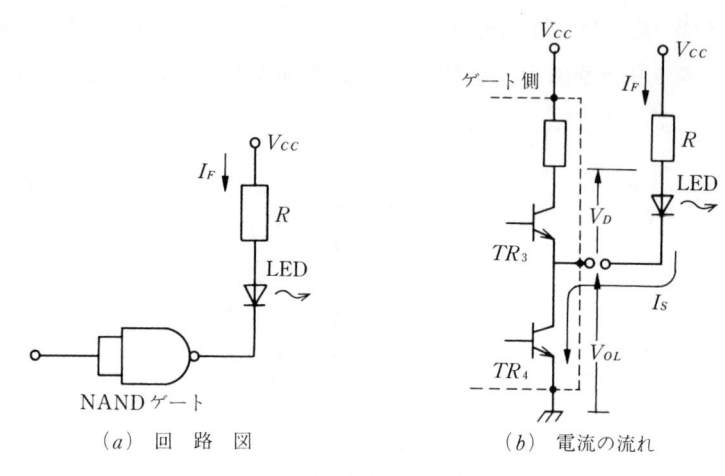

図12.3 ゲートICによる発光回路

(a) 回路図　(b) 電流の流れ

き，図(b)に示すように，出力段のトランジスタ TR_4 がオン状態になり，そのシンク電流 I_S が LED に流れることになり，LED は発光する。ゲートへの入力が L レベルのとき，ゲート出力は H レベルになり，LED には電流が流れないので，LED は発光しない。このように，ゲート入力により発光を制御することができる。

　ゲート出力が L レベルのときのゲート出力電圧を V_{OL} とし，LED の端子間電圧を V_D とすると，LED の駆動電流 I_F（シンク電流 I_S）は

$$I_F = \frac{V_{CC} - V_D - V_{OL}}{R} \tag{12.4}$$

となる。この I_F は，使用ゲートのシンク電流の最大許容値以下になるように，負荷抵抗 R を設定しなければならない。半導体レーザなど大きな電流が必要な場合には，電流容量の大きなオープンコレクタタイプのゲート IC が使用される。

12.3 受光デバイスと回路

受光デバイスは,ホトダイオードとホトトランジスタが代表的である。ここでは,これら受光デバイスの特性と受光回路について説明する。

12.3.1 ホトダイオードの特性と受光回路

〔1〕 ホトダイオードの分類　　表12.2は,ホトダイオード(PD:photo diode)の分類を示したものである。

表12.2　ホトダイオードの種類

材料	種類	波長感度範囲〔nm〕	応答速度〔ns〕
Si	PD	350〜1 150	$2〜5×10^2$
	PIN	350〜1 150	3〜10
	APD	350〜1 100	0.1〜4
Ge	PD	600〜1 900	10^4
	PIN	800〜1 750	$10^3〜10^4$
	APD	800〜1 750	0.5〜2
InGaAs	PIN	900〜1 650	〜0.7
	APD	900〜1 650	0.1〜1

材料面から結晶系半導体のシリコン(Si)とゲルマニウム(Ge)ならびに化合物半導体のインジウムガリウムヒ素(InGaAs)に分類され,構成面から通常タイプ(PD),pinタイプ(PIN)およびアバランシタイプ(APD)に分けられる。

応答速度は,pinタイプが通常タイプよりも高速である。アバランシェ状態で動作するAPDタイプが最も高速であるが,高い電源電圧による受光回路を構成する必要がある。材料により,波長感度範囲が異なるので,使用発光デバイスの発光波長に適したホトダイオードを選ばなければならない。

〔2〕 ホトダイオードの特性　　PDおよびPINのホトダイオードは,電源電圧を印加しない状態で,その両端を短絡(ショート)すると,光照度に比

例した短絡電流が流れ，開放（オープン）すると光照度に対応した開放電圧を発生する。これらのホトダイオードは，**光子**（ホトン：photon）により，ホトダイオードのpn接合近傍に電子-正孔対が発生して，電子はn領域からn極へ，正孔はp領域からp極へ，それぞれ移動することにより，電流（光電流）となる。

図12.4は，PDの電圧-電流特性を示したものである。

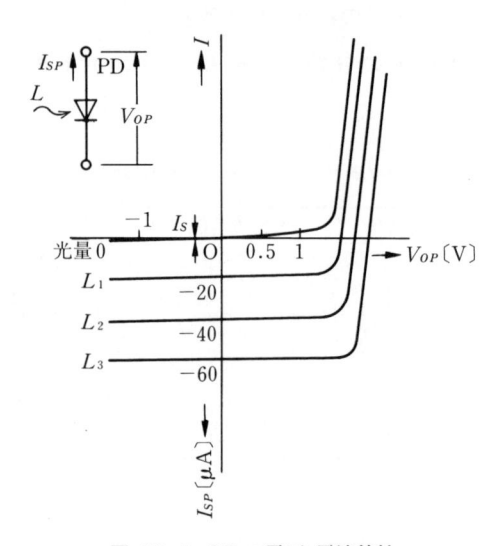

図12.4　PDの電圧-電流特性

PDは，光照射のないときには，一般の整流ダイオードと同様の特性を示し，照射光量が増加するにつれ，逆方向電流（光電流）I_{SP}と順方向の開放電圧V_{OP}が増加する。光電流I_{SP}は，光の入射照度をLとすると

$$I_{SP} = \alpha \cdot L \tag{12.5}$$

の関係になり，入射照度に比例する。ここで，αは定数である。開放電圧V_{OP}は

$$V_{OP} = \frac{kT}{e} \cdot \ln\left(\frac{\alpha \cdot L}{I_S}\right) \tag{12.6}$$

の関係で与えられ，入射照度に指数関数的に変化する。ここで，kはボルツマ

ン定数，T は絶対温度，e は電子の電荷であり，常温では近似的に，$kT/e=26\,[\mathrm{mV}]$ である。なお，I_s は逆方向の飽和電流である。

発生する光電流は，数十 $[\mu\mathrm{A}]$ のオーダの微小であるから，PD は，トランジスタやオペアンプと組み合わせて使用される。

〔3〕 **トランジスタによる受光回路**　図 **12.5** は，ホトダイオード PD と接合形トランジスタ TR の組合せによる**受光回路**を示したものである。

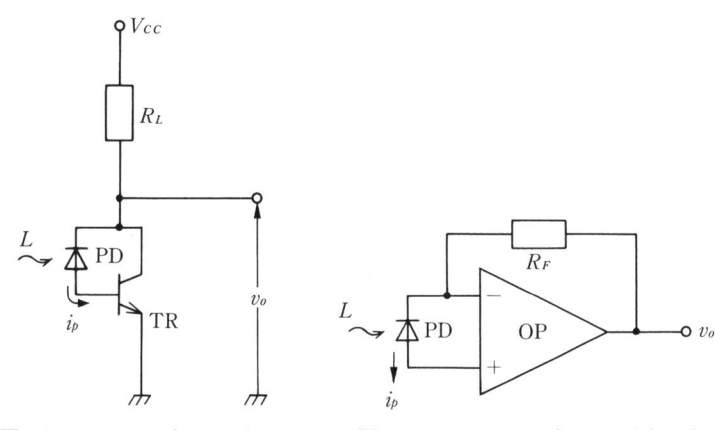

図 12.5 トランジスタによる受光回路

図 12.6 オペアンプによる受光回路

PD は i_p のコレクタ-ベース間に逆方向に接続され，PD の光電流 i_p は，TR のベース電流として増幅される。この回路の出力電圧 v_o は，近似的に

$$v_o = i_p \cdot h_{fe} \cdot R_L \qquad (12.7)$$

となる。ただし，h_{fe} はトランジスタの電流増幅率である。負荷抵抗 R_L の値が大きいほど出力電圧 v_o は大きくなるが，応答性は負荷抵抗が小さいほど改善される。したがって，負荷抵抗の値は，トランジスタの特性と使用目的から，なるべく小さくなるように設定するのが望ましい。

〔4〕 **オペアンプによる受光回路**　図 **12.6** は，ホトダイオード PD とオペアンプ OP の組合せによる受光回路を示したものである。

PD をオペアンプの入力端子に直結して，無バイアス電圧で増幅する簡単な回路構成である。この回路の出力電圧 v_o は，PD の光電流を i_p とすれば

$$v_o = -i_p \cdot R_F \tag{12.8}$$

となり，帰還抵抗 R_F のみに関係する。

12.3.2 ホトトランジスタと受光回路

〔**1**〕 **ホトトランジスタの特性** ホトトランジスタ (PT：photo transistor) は，増幅機能をもった受光デバイスで，図 **12**.**7**(a)に示すように，通常の接合形トランジスタのベース端子が受光端子になった構成である。

(a) ホトトランジスタ　　　　(b) 電圧-電流特性

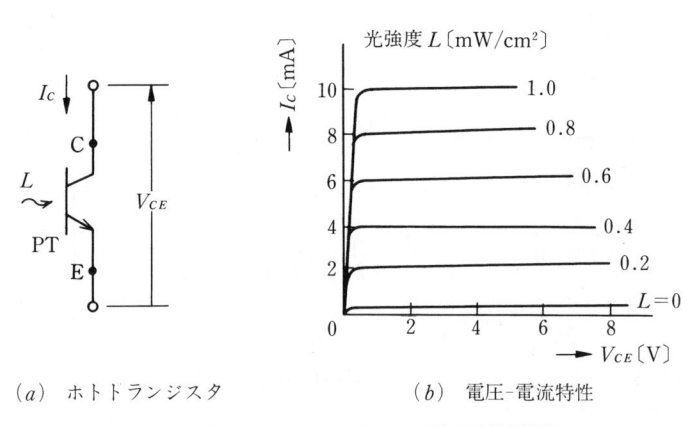

図 **12**.**7**　ホトトランジスタと電圧-電流特性

PT の電圧-電流特性は，図(b)に示すように，通常の接合形トランジスタと同様の特性であるが，ベース電流が光電流になっている点が異なる。

PT の機能は，図 **12**.**4** に示したホトダイオードとトランジスタの組合せ回路で置き換えることができる。PT の中には，電気的なベースバイアスが可能なベース端子付きのものもある。

〔**2**〕 **ホトトランジスタ受光回路**　　図 **12**.**8** は，PT のコレクタに負荷抵抗 R_L を接続した**受光回路**を示したものである。

電源電圧を V_{CC}，PT のコレクタ-エミッタ間電圧を V_{CE} とするとき，コレクタ電流 I_C は

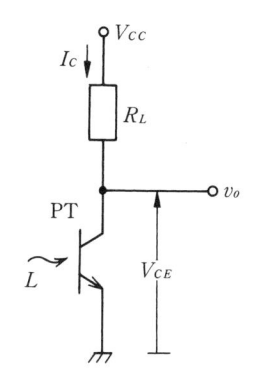

図 12.8 ホトトランジスタ受光回路

$$I_c = \frac{V_{CC} - V_{CE}}{R_L} \tag{12.9}$$

となり，負荷線の関係が得られる．動作点の設定は，通常の接合形トランジスタの場合と同様であるが，ベース受光面で光量調整が必要な場合も生じる．

12.4 ホトカプラと回路

12.4.1 ホトカプラの機能と種類

ホトカプラ（PC：photo coupler）は，オプトカプラ（opto-coupler），ホトアイソレータ（photo-isolator），オプトアイソレータ（opto-isolator）などとも，俗に呼ばれ，図 **12.9** に示すように，発光デバイスと受光デバイスを一つのパッケージに封印されたものである．

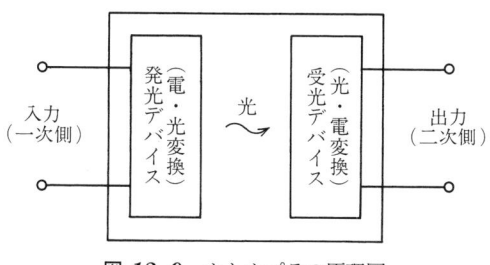

図 12.9 ホトカプラの原理図

12. 光デバイス回路

ホトカプラは，一次側に入力された電気信号（電流）を発光デバイスで光信号に変換し，二次側の受光デバイスで，受光した光信号を電気信号（電圧）に変換する回路結合機能をもつ複合デバイスである．ホトカプラは，一次側と二次側とが，電気的に分離されており，信号伝送は光信号により行うので

① 異種電源間の信号伝送が容易になる．
② アースが共用できない回路間の信号伝送が容易になる．
③ インピーダンスマッチングに対する配慮が軽減できる．
④ 信号の一方向伝達特性が維持される．

などの電子回路間のインタフェース機能をもつ．

図 12.10 は，最も一般的なホトカプラの例として，一次側の発光デバイスに LED を，二次側の受光デバイスに，ホトダイオード PD と接合形トランジスタ TR の組合せを使用したホトカプラを示したものである．なお，二次側には，ホトトランジスタを使用したもの，ホトトランジスタと論理ゲートの組合せなどもある．

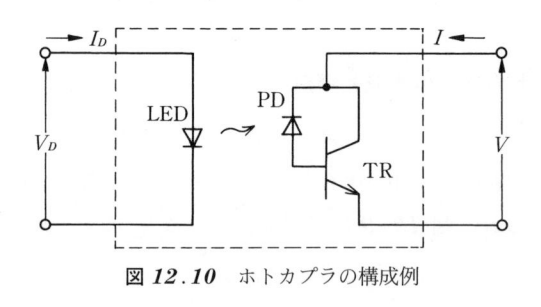

図 12.10 ホトカプラの構成例

12.4.2 ホトカプラの電気的特性

図 12.10 に示した，一次側が LED で二次側が PD-TR のホトカプラを取り上げ，その電気的特性について説明する．

図 $12.11(a)$ は，一次側が LED の電圧-電流特性を示したもので，図(b)は，一次側が LED の電流 I_D をパラメータにした二次側の電圧-電流特性を示したものである．

(a) 二次側の電圧-電流特性   (b) 入出力間の電流特性

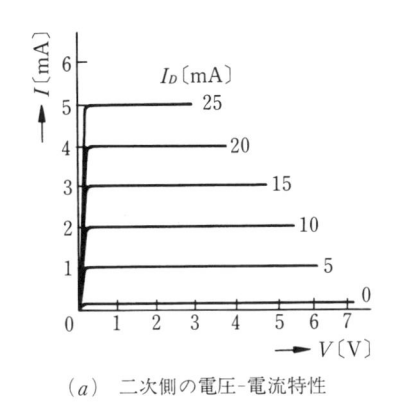

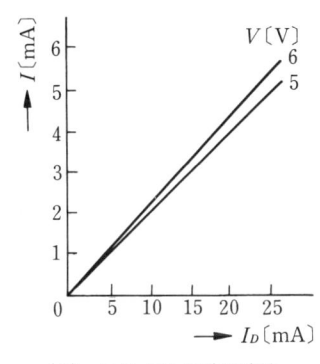

図 **12.11** ホトカプラの電気的特性

一次側 LED の駆動電流 I_D に対する二次側トランジスタのコレクタ電流 I の関係，すなわち，入出力間の電流特性は，図(b)に示すように，ほぼリニアな関係である。一次側入力電流 I_D に対する二次側出力電流 I の比を**電流伝達比**（CTR：current transfer ratio）と呼び

$$CTR = \frac{I}{I_D} \cdot 100 \tag{12.10}$$

となる。この場合は，約 20％ である。

12.4.3 ディジタルインタフェース回路

ホトカプラを異種電源回路間のディジタル信号伝送に利用した例として，**図 12.12** は，TTL 系と CMOS 系間の**インタフェース回路**を示したものである。

TTL 系の電源電圧は V_{CC} で，CMOS 系の電源電圧は V_{DD} である。TTL 系側の LED の駆動電流 I_D と抵抗 R_i の関係は

$$R_i = \frac{V_{CC} - V_D - V_{OL}}{I_D} \tag{12.11}$$

となる。ここで，V_{OL} は TTL ゲートの L レベル出力電圧である。

CMOS 系側の負荷抵抗 R_L は

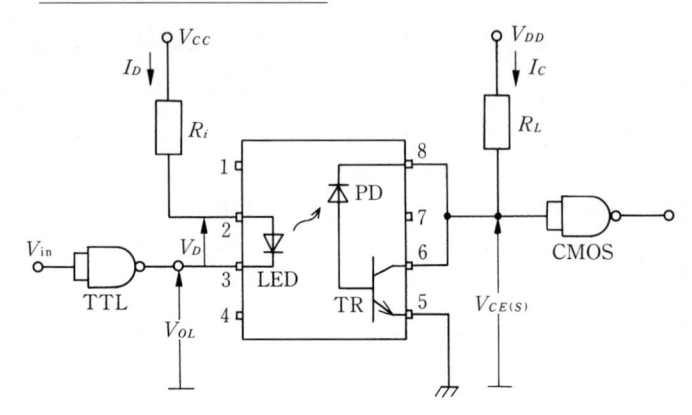

図 12.12 異種電源回路間のインタフェース回路

$$R_L = \frac{V_{DD} - V_{CE(S)}}{I_C} \qquad (12.12)$$

の関係になる。ここで，$V_{CE(S)}$ はホトカプラ内のトランジスタ TR の ON 時の出力端子間電圧である。

　ホトカプラが，TTL 系側と CMOS 系側とを電気的に分離して，光によりディジタル信号を伝送することになるので，異種電源間の信号伝送回路の設計が容易になる。

12.5　ホトインタラプタと回路

12.5.1　ホトインタラプタの動作原理

　ホトインタラプタ（photo interrupter）は，発光デバイスと受光デバイスを空間中に配置して，光によって物体の検知を行うデバイスであり，透過形（transmission type）と反射形（reflection type）の基本構成がある。

　透過形ホトインタラプタは，図 **12.13**(a) に示すように，発光デバイスと受光デバイスをある間隔で対抗するように空間に配置して，光のパスを形成し，この間を不透明物体が遮ることにより，物体の有無の検知を行わせるようにしたものである。

12.5 ホトインタラプタと回路

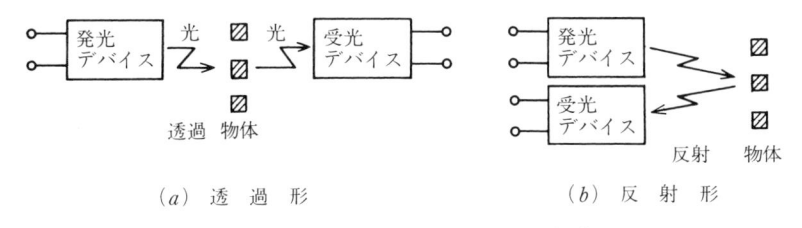

(a) 透過形 (b) 反射形

図 12.13 ホトインタラプタの基本構成

　反射ホトインタラプタは，図(b)に示すように，発光デバイスからの光を物体で反射させ，受光デバイスで反射光を検知して，物体の有無を計測するものである．いずれの場合も，非接触で物体の有無を検知できる点に特徴がある．
　発光デバイスおよび受光デバイスに光ファイバを組み合わせて，光の通路を微小にして，精密計測ができるようにした光ファイバセンサも市販されている．

12.5.2 ホトインタラプタ回路

　図 12.14 は，発光ダイオード LED とホトトランジスタ PT で構成された透過形ホトインタラプタによる物体検知回路を示したものである．PT 側には増幅用のトランジスタ TR が使用されている．

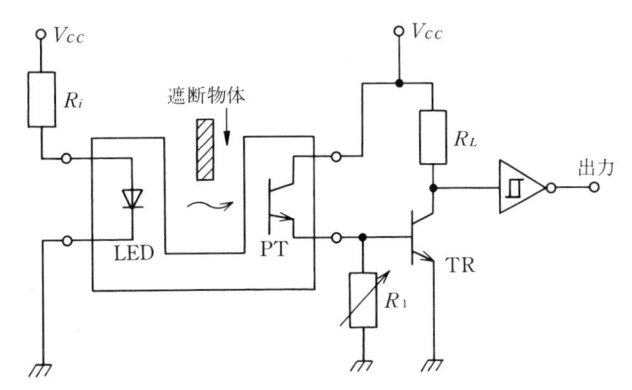

図 12.14 透過形ホトインタラプタによる物体検知回路

158　12. 光デバイス回路

物体がないときには，LED からの光が PT に入射されているので，PT は ON 状態になり，TR のベースに電流が流れるので，TR は ON 状態になる。TR のコレクタの電位は L レベル電圧になり，TTL ゲート出力は H レベル電圧になる。

物体が光を遮断すると，PT は OFF 状態になり，TR のベースに電流が流れなくなるので，TR は OFF 状態になる。TR のコレクタの電位は H レベル電圧になり，TTL ゲート出力は L レベル電圧になる。したがって，この回路

──コーヒーブレイク──

オプトエレクトロニクスの話

　電子回路に光を導入する試みは，1955 年に，光導電セル（光が当たると電気抵抗が変わる素子）とエレクトロルミネッセンス板（電圧を加えると面発光する素子）を組み合わせたオプトロニック回路が構成されたことに始まる。

　オプトロニクス（optronics）という言葉は，光学（optics）と電子工学（electronics）を結び付けたオプトエレクトロニクス（optoelectronics）を簡略化したものである。

　以来，光半導体デバイスの研究開発が進み，高効率化と応答速度の高速化が進み，1970 年に室温で連続発振する半導体レーザが開発された。また，この年には，光の伝送路である光ファイバが実用化され光ファイバ通信網が整備されるようになり，通信が光信号で行われるようになった。コンパクトディスク，光ファイバセンサやホトインタラプタが開発された。

　身の回りで光が使われている例を調べてみよう。

　スーパーなどのレジではバーコードリーダがあり，家電機器には赤外線リモコンやインディケータとして LED が使用されている。

　自動車には，ストップライトと連動する LED が装備されたものもあり，トンネルでの自動点灯用に光センサが使われている。

　自動ドアには赤外線センサが用いられており，駅の自動改札にも光センサが使われている。

　工場の生産ラインには，レーザ加工装置が鋼板の切断，穴あけ，溶接などに使用され，ホトインタラプタが，位置決め，エッジ検出，計数などに使用されている。

　このようにオプトエレクトロニクス技術は，われわれの生活に欠かせない存在になっている。

では，TTL ゲート出力が H レベル電圧から L レベル電圧への変化によって物体の存在を検知できる。なお，TTL ゲートには，スイッチング動作を確実に行わせるために，シュミットタイプのゲートを使用することが望ましい。また，バイアス抵抗 R_1 は，受光検出レベルの調整用である。

図 **12.15** は，反射形ホトインタラプタによる物体検知回路を示したものである。回路構成は透過形と同じであるが，物体の反射効率が低い場合には，反射材料を物体に張り付けることが必要な場合もある。

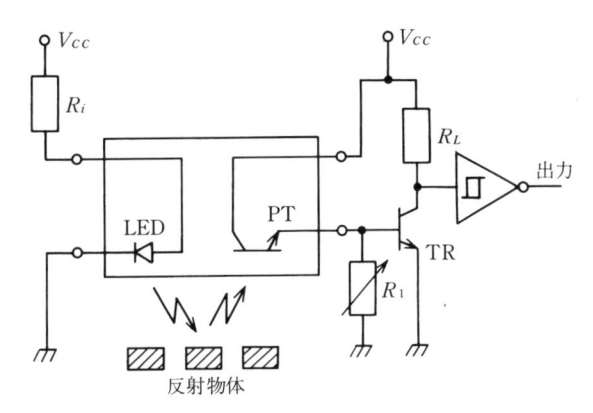

図 **12.15** 反射形ホトインタラプタによる物体検知回路

演 習 問 題

【1】 LED の直流発光回路において，$V_{CC}=5$ 〔V〕，$V_D=1.5$ 〔V〕で，$I_F=10$ 〔mA〕とするとき，抵抗 R の値はいくらになるか。

【2】 NAND ゲート IC による発光回路において，$V_{CC}=5$ 〔V〕，$V_{OL}=0.2$ 〔V〕，$V_D=1.5$ 〔V〕のとき，$I_F=10$ 〔mA〕にするための LED の抵抗 R を求めよ。

【3】 ホトカプラの特徴について説明せよ。

【4】 インタフェース回路において，$V_{CC}=5$ 〔V〕，$V_{OL}=0.2$ 〔V〕，$V_D=1.5$ 〔V〕のとき，LED の駆動電流 I_D を，$I_D=10$ 〔mA〕にするとき，LED の抵抗 R_i を求めよ。また，$V_{DD}=24$ 〔V〕，$V_{CE(S)}=0.8$ 〔V〕のとき，$I_C=2$ 〔mA〕にするときの負荷抵抗 R_L の値を求めよ。

付　　録

付録 I　電気によくでてくる $a \cdot \dfrac{dv}{dt} + v = E$ の形の微分方程式の解法

本文では，初期値と最終値から，解を求める公式を示したが，オーソドックスに解く方法は，以下のルールである。

ルール
① $E=0$ にしたときの解：$v = v_t$
② 微分項を 0 にしたときの解：$v = v_s$
③ 一般解：$v = v_t + v_s$
④ 積分定数：初期条件
⑤ 求める解

①より，$a \cdot \dfrac{dv}{dt} + v = 0$ として

$$\dfrac{dv}{v} = -\dfrac{1}{a} \cdot dt$$

となる。両辺を積分すれば

$$\int \dfrac{dv}{v} = -\dfrac{1}{a} \cdot \int dt$$

となるから

$$\log v = -\dfrac{1}{a} \cdot t + C_1$$

となる。すなわち

$$v_t = A_1 \cdot e^{-\frac{1}{a} \cdot t}$$

である。

②より　$v_s = E$ となる。
③より　$v = v_t + v_s = A_1 \cdot e^{-\frac{1}{a} \cdot t} + E$ となる。
④より　$t=0$ で $v=0$ とすると，$A_1 = -E$ となり
⑤より　$v = E \cdot (1 - e^{-\frac{1}{a} \cdot t})$ となる。

付録II　実効値の $\sqrt{2}$ 倍が最大値になる計算

実効値 V は，次式で与えられるが，$\int \sin^2 \omega t \cdot dt$ の計算をどうするかである。

$$V = \sqrt{\frac{1}{T} \cdot \int_0^T (V_m \cdot \sin \omega t)^2 \cdot dt} = V_m \cdot \sqrt{\frac{1}{T} \cdot \int_0^T \sin^2 \omega t \cdot dt}$$

このために，三角関数の公式

$$\cos(\alpha + \beta) = \cos \alpha \cdot \cos \beta + \sin \alpha \cdot \sin \beta$$

で，$\alpha = \beta$ とすると

$$\cos(2\alpha) = \cos^2 \alpha + \sin^2 \alpha$$

となる。また，三角関数の公式

$$\sin^2 \alpha + \cos^2 \alpha = 1$$

を用いると

$$\cos 2\alpha = (1 - \sin^2 \alpha) + \sin^2 \alpha$$

となるから

$$\sin^2 \alpha = \frac{1 - \cos 2\alpha}{2}$$

なる関係が求められる。

したがって

$$\int_0^T \sin^2 \omega t \cdot dt = \int_0^T \frac{1 - \cos 2\omega t}{2} \cdot dt$$

となる。

cos の積分は

$$\int \cos \alpha x \cdot dx = \frac{1}{\alpha} \sin \alpha x$$

であるから

$$\int \cos 2\omega t \cdot dt = \frac{1}{2\omega} \sin 2\omega t$$

となる。したがって

$$\int_0^T \frac{1 - \cos 2\omega t}{2} \cdot dt = \int_0^T \frac{1}{2} \cdot dt - \int_0^T \frac{\cos 2\omega t}{2} \cdot dt$$

$$= \frac{1}{2}[t]_0^T - \frac{1}{2}\left[\frac{\sin 2\omega t}{2\omega}\right]_0^T = \frac{T}{2} - 0 = \frac{T}{2}$$

となるから

$$V = V_m \cdot \sqrt{\frac{1}{T} \cdot \int_0^T \sin^2 \omega t \cdot dt} = V_m \cdot \sqrt{\frac{1}{T} \cdot \frac{T}{2}} = \frac{V_m}{\sqrt{2}}$$

となり，実効値は，最大値の $1/\sqrt{2}$ になる。

付録 III 立上り時間 (rise time) の計算の仕方

積分波形は
$$v_o = V \cdot (1 - e^{-\frac{t}{\tau}})$$
で与えられるから, t を求めるために, 変形して
$$e^{-\frac{t}{\tau}} = 1 - \frac{v_o}{V}$$
となる。したがって
$$-\frac{t}{\tau} = \ln\left(1 - \frac{v_o}{V}\right)$$
となる。ゆえに
$$t = -\tau \cdot \ln\left(1 - \frac{v_o}{V}\right)$$
となる。

立上り時間 t_r は, v_o が V の 10% から 90% になるまでの時間であるから
$$t_r = \tau \cdot [\ln 0.9 - \ln 0.1] = 2.2 \cdot \tau$$
となる。

付録 IV　10進数，2進数，16進数の関係

10進数の 123 は
$$123_{10} = 1 \times 10^2 + 2 \times 10^1 + 3 \times 10^0$$
と分解して表現できる。ここで，10 は基数と呼ばれ，各けたは 10^2，10^1，10^0 の重みをもっている。

10進数は，基数が 10 で，そのけたの扱える数は，0 から（基数 -1）すなわち 9 までである。2進数は基数が 2 で，扱える数は，0 と 1 である。10進数と 2 進数の関係は，**付表 1** のようになる。

付表 1　10進，2進，16進の関係

けたと重み	10進		2進				16進
	10^1	10^0	2^3	2^2	2^1	2^0	16^0
		0	0	0	0	0	0
		1	0	0	0	1	1
		2	0	0	1	0	2
		3	0	0	1	1	3
		4	0	1	0	0	4
		5	0	1	0	1	5
		6	0	1	1	0	6
		7	0	1	1	1	7
		8	1	0	0	0	8
		9	1	0	0	1	9
	1	0	1	0	1	0	A
	1	1	1	0	1	1	B
	1	2	1	1	0	0	C
	1	3	1	1	0	1	D
	1	4	1	1	1	0	E
	1	5	1	1	1	1	F

10進数 1 けたの 0 から 9 まで表現するには，2進数の 4 けた（4 ビット）が必要になる。すなわち
$$9_{10} = 1001_2 = 1 \times 2^3 + 0 \times 2^2 + 0 \times 2^1 + 1 \times 2^0 = 8 + 1 = 9$$
であるからである。4 ビットの 2 進数で表現できる数は，10進で 0 から 15 までになる。そこで，基数を 16 にすれば，10進の 0〜15 の数を 1 けたの 16 進数として表現できる。しかし，10進の 2 けたの数を 1 けたに表現するために，10進の 10 → A，11 → B，12 → C，13 → D，14 → E，15 → F の英字が採用されたのである。

演習問題解答

1章

【1】 $n = \dfrac{I}{e} = 3.125 \times 10^{18} \cong 3.13 \times 10^{18}$ 〔個〕

【2】 $I = \dfrac{P}{V} = \dfrac{36}{12} = 3$ 〔A〕

【3】 $R = \dfrac{V}{I} = \dfrac{12}{2} = 6$ 〔Ω〕　　$P = V \cdot I = 12 \times 2 = 24$ 〔W〕

【4】 $R = \dfrac{R_1 \cdot R_2 \cdot R_3}{R_1 \cdot R_2 + R_2 \cdot R_3 + R_3 \cdot R_1}$

【5】 $V_1 = \dfrac{R_1}{R_1 + R_2} \cdot V = \dfrac{2}{2+4} \times 12 = 4$ 〔V〕

$V_2 = \dfrac{R_2}{R_1 + R_2} \cdot V = \dfrac{4}{2+4} \times 12 = 8$ 〔V〕

【6】 $V_1 = \dfrac{C_2}{C_1 + C_2} \cdot V = \dfrac{20}{10+20} \times 12 = 8$ 〔V〕

$V_2 = \dfrac{C_1}{C_1 + C_2} \cdot V = \dfrac{10}{10+20} \times 12 = 4$ 〔V〕

2章

【1】 $A = 10 \angle 30° = 10(\cos 30° + j \sin 30°) = 10\left(\dfrac{\sqrt{3}}{2} + j\dfrac{1}{2}\right) = 5\sqrt{3} + j5$

【2】 $A = 10 \cdot e^{j\frac{\pi}{4}}$

【3】 $V_m = \sqrt{2} \cdot V = \sqrt{2} \times 200 = 283$ 〔V〕

【4】 $T = \dfrac{1}{f} = \dfrac{1}{60} = 16.7 \times 10^{-3}$ 〔s〕 $= 16.7$ 〔ms〕

【5】 $t = \dfrac{1}{50} - \dfrac{1}{60} = \dfrac{1}{300} = 3.3 \times 10^{-3}$ 〔s〕 $= 3.3$ 〔ms〕

【6】 $55 = 110 \sin(50 \times 2\pi \times t)$, $110 \times \dfrac{1}{2} = 110 \sin(100\pi t)$, $\sin\left(\dfrac{\pi}{6}\right) = \sin(100\pi t)$

∴ $t = \dfrac{\frac{\pi}{6}}{100\pi} = \dfrac{1}{600} = 1.666 \times 10^{-3}$ 〔s〕 $\cong 1.67$ 〔ms〕

【7】 $X_C = \dfrac{1}{\omega C} = \dfrac{1}{2\pi \times 10 \times 10^3 \times 0.1 \times 10^{-6}} = \dfrac{1}{2\pi \times 10^{-3}} = 0.1591 \times 10^3 \cong 159$ 〔Ω〕

【8】 $X_L = \omega L = 2\pi \times 10 \times 10^6 \times 0.5 \times 10^{-3} = 10\pi \times 10^3 = 31.41 \times 10^3 \cong 31.4$ 〔kΩ〕

【9】 $f_1 = \dfrac{1}{2\pi CR} = \dfrac{1}{2\pi \times 0.1 \times 10^{-6} \times 50 \times 10^3} = \dfrac{1}{10\pi \times 10^{-3}} = 0.03183 \times 10^3 \cong 31.8$ 〔Hz〕

[10] $f_0 = \dfrac{1}{2\pi\sqrt{LC}} = \dfrac{1}{2\pi\sqrt{0.2\times 10^{-3}\times 100\times 10^{-12}}} = 1.13\times 10^6$ 〔Hz〕

3章

【1】 (a) $[F_1] = \begin{bmatrix} 1 & R_1 \\ 0 & 1 \end{bmatrix}$　　(b) $[F_2] = \begin{bmatrix} 1 & 0 \\ \dfrac{1}{R_2} & 1 \end{bmatrix}$

【2】 $A_{vd} = 20\log_{10}|A_v| = 20\log_{10}\left|\dfrac{1}{\sqrt{2}}\right| = 20\log_{10} 2^{\frac{1}{2}} = -10\log_{10} 2 = -10\times 0.301$
　　　　　$\cong -3$ 〔dB〕

【3】 $[F] = \begin{bmatrix} \dfrac{Z_{11}}{Z_{21}} & \dfrac{Z_{12}\cdot Z_{21} - Z_{11}\cdot Z_{22}}{Z_{21}} \\ \dfrac{1}{Z_{21}} & -\dfrac{Z_{22}}{Z_{21}} \end{bmatrix}$

【4】 $Z_{11} = \dfrac{h_{11}\cdot h_{12} - h_{12}\cdot h_{21}}{h_{22}}$, $\;Z_{12} = \dfrac{h_{12}}{h_{22}}$, $\;Z_{21} = -\dfrac{h_{21}}{h_{22}}$, $\;Z_{22} = \dfrac{1}{h_{22}}$

【5】 $r_1 = \dfrac{h_{11}\cdot h_{22} - h_{12}\cdot h_{21} - h_{12}}{h_{22}}$, $\;r_2 = \dfrac{h_{12}}{h_{22}}$, $\;r_3 = \dfrac{1 - h_{12}}{h_{22}}$, $\;r_4 = -\dfrac{h_{21} + h_{12}}{h_{22}}$

4章

【1】 $T = \dfrac{1}{f} = \dfrac{1}{50\times 10^6} = 20\times 10^{-9}$ 〔s〕$= 20$ 〔ns〕

【2】 $f = \dfrac{1}{T} = \dfrac{1}{1\times 10^{-6}} = 1\times 10^6$ 〔Hz〕$= 1$ 〔MHz〕

【3】 付録 I を参照

【4】 $t_r = CR(\ln 0.9 - \ln 0.1) = CR \ln 9 = 0.5\times 10^{-6}\times 2\times 10^3\times 2.197$
　　　　　$\cong 2.20\times 10^{-3}$ 〔s〕$= 2.2$ 〔ms〕

【5】 $\dfrac{1}{2}V = V(1 - e^{-\frac{1}{CR}t})$, $\;\dfrac{1}{2} = e^{-\frac{1}{CR}t}$, $\;-\dfrac{1}{CR}t = \ln\dfrac{1}{2}$　∴　$t = CR\ln 2 = \tau \ln 2$

5章

【1】 (1) $A\cdot(A+B) = A\cdot A + A\cdot B = A + A\cdot B = A\cdot(1+B) = A$
　　　(2) $A + \overline{A}\cdot B = A\cdot(B+\overline{B}) + \overline{A}\cdot B = A\cdot B + A\cdot\overline{B} + \overline{A}\cdot B + A\cdot B$
　　　　$= A\cdot(B+\overline{B}) + B\cdot(A+\overline{A}) = A\cdot 1 + B\cdot 1 = A + B$

【2】 解図 5.1 参照。

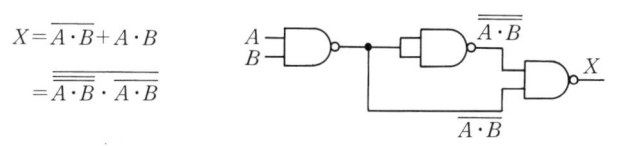

$X = \overline{\overline{A\cdot B} + A\cdot B}$
$= \overline{\overline{A\cdot B}}\cdot \overline{A\cdot B}$

解図 5.1

【3】 解図 5.2 参照。

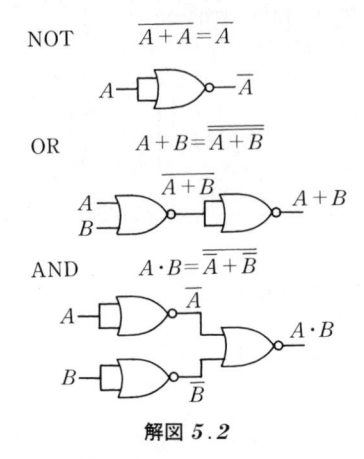

NOT　$\overline{A+A}=\overline{A}$

OR　$A+B=\overline{\overline{A+B}}$

AND　$A\cdot B=\overline{\overline{A}+\overline{B}}$

解図 5.2

【4】 記憶機能，計数機能，同期機能など(本文参照)。

6章

【1】 n形半導体：5価の不純物(Sb)により4価の共有結合に余剰電子を生ずるようにしたもので，この余剰電子が電気伝導に関係する。
p形半導体：3価の不純物(In)4価の共有結合に電子の不足(正孔)を生ずるようにしたもので，この正孔が電気伝導に関係する(本文参照)。

【2】 pn接合で，順方向バイアスでは電流が流れ，逆方向バイアスでは空乏層が形成され電流は流れない（本文参照）。

【3】 解表 6.1 参照。

解表 6.1　代表的なトランジスタの種類

接合形トランジスタ	npnタイプ pnpタイプ	
電界効果形トランジスタ （FET）	接合形 FET MOS形 FET	nチャネルタイプ pチャネルタイプ

7章

【1】 横軸の V_{CE} が $12\,\mathrm{V}$ の点と縦軸の I_C が $12\,\mathrm{mA}$ の点を結んだ直線

【2】 ベース電流を最小(0)にすればスイッチオフの状態で，ベース電流を V_{cc}/R_L 付近のベース電流以上にすればスイッチオンの状態になる（本文参照）。

【3】 横軸の V_{DS} が $6\,\mathrm{V}$ の点と縦軸の I_D が $6\,\mathrm{mA}$ の点を結んだ直線

【4】 接合形トランジスタがベース電流で動作するのに対し，FETはゲートへの電圧で動作するので，回路設計が容易で低消費電力である（本文参照）。

演習問題解答 *167*

8章

【1】 式(8.3)より,$R_1 = \dfrac{V_{CC} - R_L \cdot I_C}{I_B} - R_L = \dfrac{6 - 1 \times 10^3 \times 3 \times 10^{-3}}{50 \times 10^{-6}} - 1 \times 10^3$

$= \dfrac{3}{50} \times 10^6 - 10^3 = 6 \times 10^4 - 10^3 = 59 \times 10^3 \, [\Omega] = 59 \, [\text{k}\Omega]$

【2】 $h_{ie} = \dfrac{r_e \cdot (r_b + r_c) + r_b \cdot r_c \cdot (1-\alpha) - 2\alpha \cdot r_e \cdot r_c}{r_e + r_c \cdot (1-\alpha)}$, $\quad h_{re} = \dfrac{r_e}{r_e + r_c \cdot (1-\alpha)}$

$h_{fe} = -\dfrac{r_e - \alpha \cdot r_c}{r_e + r_c \cdot (1-\alpha)}$, $\quad h_{oe} = \dfrac{1}{r_e + r_c \cdot (1-\alpha)}$

【3】 $\Delta = \begin{bmatrix} r_b + r_e & r_e \\ r_e - \alpha \cdot r_c & r_e + R_L + r_c \cdot (1-\alpha) \end{bmatrix}$

$= \begin{bmatrix} 500 + 25 & 25 \\ 25 - 0.99 \times 1 \times 10^6 & 25 + 2 \times 10^3 + 1 \times 10^6 \times (1-0.99) \end{bmatrix}$

$= 525 \times 12\,025 + 989\,975 \times 25 = 31\,062\,500 \cong 31.1 \times 10^6$

$A_v = (r_e - \alpha \cdot r_c) \cdot \dfrac{R_L}{\Delta} = (25 - 0.99 \times 1 \times 10^6) \times \dfrac{2 \times 10^3}{\Delta} = -63.74 \cong -63.7 \, [\text{倍}]$

$A_i = \dfrac{(\alpha \cdot r_c - r_e)}{\{r_e + R_L + r_c \cdot (1-\alpha)\}} = \dfrac{(0.99 \times 1 \times 10^6 - 25)}{\{25 + 2 \times 10^3 + 1 \times 10^6 \times (1-0.99)\}}$

$= 82.32 \cong 82.3 \, [\text{倍}]$

$R_i = \dfrac{\Delta}{\{r_e + R_L + r_c \cdot (1-\alpha)\}} = \dfrac{\Delta}{\{25 + 2 \times 10^3 + 1 \times 10^6 \times (1-0.99)\}}$

$= 2\,583.16 \, [\Omega] \cong 2.58 \, [\text{k}\Omega]$

$G = \dfrac{R_L}{R_i} \cdot (A_i)^2 = \dfrac{2 \times 10^3}{2.58 \times 10^3} \times (82.3)^2 = 5\,250 \cong 5.25 \times 10^3 \, [\text{倍}]$

【4】 $\Delta h = h_{ie} \cdot h_{oe} - h_{fe} \cdot h_{re} = 1 \times 10^3 \times 25 \times 10^{-6} - 50 \times 2.5 \times 10^{-4} = 0.012\,5$

$A_v = -\dfrac{h_{fe}}{h_{ie}} \cdot R_L = -\dfrac{50}{1 \times 10^3} \times 2 \times 10^3 = -100 \, [\text{倍}]$, $\quad A_i = h_{fe} = 50 \, [\text{倍}]$

$R_i = h_{ie} = 1 \times 10^3 \, [\Omega] = 1 \, [\text{k}\Omega]$

$G = (h_{fe})^2 \cdot \dfrac{R_L}{h_{ie}} = (50)^2 \times \dfrac{1}{2} = 5\,000 \, [\text{倍}] = 5.0 \times 10^3 \, [\text{倍}]$

【5】 $|A_v| = \dfrac{\mu \cdot R_L}{r_D + R_L} = \dfrac{50 \times 2}{10 + 2} = 8.3 \, [\text{倍}]$

9章

【1】 増幅回路の増幅度が,外付け抵抗のみで設定できる。一つのICで,逆相増幅,正相増幅,差動増幅の3種類の増幅回路が構成できる。積分や微分などの演算回路が構成できる。電圧の比較回路が構成できる。など(本文参照)。

【2】 $A = \dfrac{-A_0}{\dfrac{Z_i}{Z_g} + \dfrac{Z_i}{Z_f} \cdot (1 + A_0) + 1} = -\dfrac{Z_f}{Z_i}$

【3】 $v_o = -\dfrac{1}{CR} \cdot \int v_i \cdot dt$

【4】 $A_v = \left(1 + \dfrac{R_f}{R_i}\right) = \left(1 + \dfrac{60}{5}\right) = 13$

【5】 入力信号の差を増幅でき，同相除去機能をもつ（本文参照）。

10章

【1】 出力がHレベル電圧のとき，負荷側から流れ込む電流（本文参照）。

【2】 p-MOSとn-MOSを相補形に接続したもので，OFF時のMOSが負荷抵抗の役割を果たし，ゲートの電位で動作し，負荷電流がほとんど流れない特徴をもつ（本文参照）。

【3】 オープンコレクタICは，ゲートの出力段にトランジスタが付加されたもので負荷抵抗と電源の接続を必要とするが，電流容量の増加（ドライバ機能）やゲート用とは異なる電涯の使用（インタフェース機能）が可能になる。スリーステイトICは，制御入力により，アクティブ状態かハイインピーダンス状態にすることができ，選択制御やタイミング制御に使用される（本文参照）。

11章

【1】 式(11.5)に数値を代入して，$f_1 = 1.6 \times 10^3$ [Hz]

【2】 式(11.13)に数値を代入して，$f_1 = 100$ [Hz]

【3】 式(11.17)より

$$f_2 = \dfrac{1}{2\pi\sqrt{C_2 C_4 R_3 R_5}} = \dfrac{1}{2\pi\sqrt{(0.1 \times 10^{-6})^2 \times 10 \times 10^3 \times 25 \times 10^3}}$$

$$= \dfrac{1}{9.93 \times 10^{-3}} \cong 100 \text{ [Hz]}$$

【4】 式(11.23)に数値を代入して，$f_0 = 1.6$ [kHz]

12章

【1】 式(12.2)に数値を代入して，$R = 350$ [Ω]

【2】 式(12.4)に数値を代入して，$R = 330$ [Ω]

【3】 異種電源間の信号伝送やアースが共用できない回路間の信号伝送が容易で，インピーダンスマッチングに対する配慮が軽減でき，信号の一方向伝達特性が維持される（本文参照）。

【4】 式(12.11)より

$$R_i = \dfrac{V_{CC} - V_D - V_{OL}}{I_D} = \dfrac{5 - 1.5 - 0.2}{10 \times 10^{-3}} = 330 \text{ [Ω]}$$

式(12.12)より

$$R_L = \dfrac{V_{DD} - V_{CE(S)}}{I_C} = \dfrac{24 - 0.8}{2 \times 10^{-3}} = 11.6 \text{ [kΩ]}$$

索引

【あ】
アクティブ状態　　　　135
アクティブフィルタ　　137
アドミタンス　　　　　36
アンダシュート　　　　48

【い】
位　相　　　　　　　　11
一致回路　　　　　　　61
インタフェース回路　　155

【え】
エミッタ　　　　　　　82
エミッタ接地電流増幅率　84
エミッタ接地等価回路　100
エミッタ電流　　　　　83
エレクトロンボルト　　70
演算増幅回路　　　　　112

【お】
オイラーの公式　　　　15
応　答　　　　　　　　49
オートバイアス回路　　95
オーバシュート　　　　48
オープンコレクタIC　133
オームの法則　　　　　4
遅れ時間　　　　　　　48
オフセット　　　　　　121
オペアンプ　　　　　　112

【か】
回路方程式　　　103, 105
角周波数　　　　　　　11
化合物半導体　　　　　70

【き】
加算回路　　　　　　　115
可変容量ダイオード　　78

【き】
記憶機能　　　　　　　62
記号法　　　　　　　　16
起電力　　　　　　　　20
逆相増幅回路　　　　　117
逆方向バイアス　　　　74
キャパシタ　　　　　　8
共振周波数　　　　　　26
共振の鋭さ　　　　　　27
共有結合　　　　　　　70

【く】
空乏層　　　　　　　　74
組合せ論理回路　　　　62

【け】
ゲイン　　　　　　　　33
ゲート　　　　　　　　87
ゲート電圧　　　　　　108
結合コンデンサ　　　　97
減衰帯　　　　　　　　136

【こ】
高域遮断周波数　　　　34
高域パスフィルタ回路
　　　　　　　　39, 142
光　子　　　　　　　　150
合成抵抗　　　　　　6, 7
合成容量　　　　　　　9
交流分回路　　　　　　98
コレクタ　　　　　　　81
コレクタ電流　　　　　83

コンデンサ　　　　　　8
コンパレータ　　　　　122

【さ】
サーミスタ　　　　　　78
サイリスタ　　　　　　79
サグ　　　　　　　　　48
差動増幅回路　　　　　119
差動入力　　　　　　　112

【し】
磁　束　　　　　　　　20
実効値　　　　　　　　12
時定数　　　　　　　　50
遮断周波数　　23, 25, 136
遮断領域　　　　　　　85
周　期　　　　　　　　12
自由電子　　　　　　　70
周波数　　　　　　　　12
周波数帯域幅　　　　　34
周波数特性　　　　　　34
受光回路　　　　151, 152
出力インピーダンス　　32
出力抵抗　　　　　　　32
瞬時値　　　　　　　　11
順序回路　　　　　　　62
順方向バイアス　　　　74
消費電力　　　　　　5, 6
導　体　　　　　　　　69
シンク電流　　　　　　131
シングルフィードバック形
　フィルタ　　　　　　138
真性半導体　　　　　　70
振　幅　　　　　　　　11
真理値表　　　　　　　57

【す】

スイッチング時間	48
スイッチング動作	86
ステップ電圧	46
ステップ電圧応答	49
スリーステイトIC	135
スルーレート	121

【せ】

正孔	70, 72
正孔電流	73
正相増幅回路	118
静電容量	8
整流回路	76
整流ダイオード	73
積分回路	115
積分波形	52
絶縁体	69
接合形FET	88
接合形トランジスタ	81
絶対最大定格	121
絶対値	15
全波整流回路	76

【そ】

相互コンダクタンス	109
ソース	87

【た】

帯域パスフィルタ回路	143
タイムチャート	63
立上り時間	48, 52
立下り時間	48

【ち】

チャネル	87

【つ】

通過帯	136
ツェナーダイオード	75

【て】

低域遮断周波数	34
低域パスフィルタ	141
低域パスフィルタ回路	138
抵抗出力	104
ディジタルIC	124
定電圧源	39
定電圧ダイオード	78
定電流源	42
デシベル	33
電圧増幅定数	32
電圧増幅度	33, 37, 104
電圧増幅率	109
電圧利得	33
電荷	3
電界効果形トランジスタ	87
電源	1
電子	3
電子電流	73
伝播遅延時間	129
電流増幅度	37, 87, 104
電流伝達比	155
電流ベクトル	17
電流利得	33
電力	5
電力増幅度	33, 104
電力利得	34

【と】

ド・モルガンの定理	59
等価回路	39
同期記号	64
動作点	86
同相電圧除去機能	120
ドープ	71
トランジスタ	79
トルグ	65
ドレーン	87
ドレーン抵抗	109
ドレーン電圧	109
ドレーン電流	108

【に】

2進数	56
入力インピーダンス	32
入力抵抗	32

【の】

能動領域	85

【は】

バイアス	74
バイアス回路	95
ハイインピーダンス状態	135
バイパスコンデンサ	98
発光ダイオード	146
パッシブフィルタ	137
パルス応答	53
パルス繰返し周期	47
パルス周波数	47
パルス電圧	53
半値幅	48
反転増幅回路	117
反転入力	112
半導体	69
半導体レーザ	146

【ひ】

ピエゾ抵抗効果	78
非反転増幅回路	118
非反転入力	112
微分回路	117

【ふ】

ファラデーの法則	20
ファンクションテーブル	56
フィルタ回路	136
ブール代数	56
負荷線	85, 93
負荷電流	130
複素インピーダンス	25
複素数	14
複素電圧	15

複素平面	14	
複素誘導リアクタンス	22	
複素容量リアクタンス	19	
不純物半導体	70	
ブリーダ抵抗	96	
フリップフロップ	62	
分　圧	5	
分　流	6	

【へ】

平均電力	13
ベース	81
ベース接地電流増幅率	83
ベース電流	83, 96
ベースブリーダバイアス回路	96
偏　角	15

【ほ】

方形波	47
飽和領域	85
ホール効果	78
ホトインタラプタ	156
ホトカプラ	153
ホトダイオード	148
ホトトランジスタ	152
ボルツマン定数	75

【ま】

マルチフィードバック形フィルタ	140

【ゆ】

誘導リアクタンス	22
ユニティゲイン	138

【よ】

容量リアクタンス	19
余剰電子	71
四端子回路	30
四端子定数回路	35

【り】

リプル	76

【ろ】

論理ゲート	56
論理式	57
論理積	56
論理否定	56
論理変数	59
論理和	56

AND	56	h パラメータ	41	OR	56
CAD	125	h パラメータ等価回路	101	pn 接合	73
CMOS	125	JFET	107	p 形半導体	72
CR 高域パス回路	22	JK-FF	65	ripple	76
CR 積分回路	51, 54	MOS-FET	90	RS-FF	64
CR 低域パス回路	24	NAND	57	r パラメータ	99
CR 微分回路	50, 53	NAND ゲート	59, 126	r パラメータ等価回路	99
D-FF	67	NAND ゲート回路	132	T-FF	65
F マトリックス	36	NOR	57	TTL	124
gain	33	NOR ゲート	59	T 形等価回路	40
g パラメータ回路	42	NOT	56	XOR	57
hole	70	n 形半導体	71	Z パラメータ	39

―― 著者略歴 ――

髙橋　晴雄（たかはし　はるお）
1964 年　大阪市立大学工学部電気工学科卒業
1966 年　大阪市立大学大学院工学研究科修士
　　　　　課程修了（電気工学専攻）
1967 年　奈良工業高等専門学校講師
1973 年　奈良工業高等専門学校助教授
1984 年　工学博士（大阪大学）
1986 年　奈良工業高等専門学校教授
2003 年　奈良工業高等専門学校名誉教授
2013 年　逝去

阪部　俊也（さかべ　としや）
1967 年　信州大学工学部精密工学科卒業
　　　　　奈良工業高等専門学校助手
1976 年　奈良工業高等専門学校講師
1979 年　奈良工業高等専門学校助教授
1990 年　工学博士（大阪大学）
　　　　　奈良工業高等専門学校教授
2007 年　奈良工業高等専門学校名誉教授

機械系の電子回路
Electronic Circuits for Mechanical Engineers

© Haruo Takahashi, Toshiya Sakabe 2001

2001 年 10 月 22 日　初版第 1 刷発行
2021 年 1 月 20 日　初版第 14 刷発行

検印省略	著　者	髙　橋　晴　雄	
		阪　部　俊　也	
	発行者	株式会社　　コロナ社	
		代表者　　牛来真也	
	印刷所	新日本印刷株式会社	
	製本所	有限会社　　愛千製本所	

112-0011　東京都文京区千石 4-46-10
発行所　株式会社　コロナ社
CORONA PUBLISHING CO., LTD.
Tokyo Japan
振替 00140-8-14844・電話(03) 3941-3131 (代)
ホームページ　https://www.coronasha.co.jp

ISBN 978-4-339-04460-7　C3353　Printed in Japan　　（大井）

<JCOPY> <出版者著作権管理機構　委託出版物>

本書の無断複製は著作権法上での例外を除き禁じられています．複製される場合は，そのつど事前に，出版者著作権管理機構（電話 03-5244-5088，FAX 03-5244-5089，e-mail: info@jcopy.or.jp）の許諾を得てください．

本書のコピー，スキャン，デジタル化等の無断複製・転載は著作権法上での例外を除き禁じられています．購入者以外の第三者による本書の電子データ化及び電子書籍化は，いかなる場合も認めていません．
落丁・乱丁はお取替えいたします．